Ernst Probst

Pfahlbauten in Süddeutschland

Dörfer der Jungsteinzeit und Bronzezeit
an Seen, Mooren und Flüssen

Darstellung eines Pfahlbaues in der Schweiz
in dem Artikel „Early Colonist of the Swiss Lakes"
des Arztes und Naturforschers François-Alphonse Forel (1841–1912)
in „Popular Science Monthly", New York, 1884

Impressum:
Pfahlbauten in Süddeutschland
1. Auflage als Print-Buch: Juli 2019
Autor: Ernst Probst
Im See 11, 55246 Mainz-Kostheim
Telefon: 06134/21152
E-Mail: ernst.probst (at) gmx.de
Herstellung: Amazon Distribution GmbH, Leipzig
Alle Rechte vorbehalten
ISBN: 978-1-080-12356-8

„Pfahlbauer" auf einem Bild des Schweizer Historienmalers
Karl Jausin (1842–1904).
Bild: (via Wikimedia Commons),
Lizenz: gemeinfrei (Public domain)

Selbstbildnis des
Schweizer Historienmalers
Karl Jausin (1842–1904).
Bild: (via Wikimedia Commons),
Lizenz: gemeinfrei
(Public domain)

Gemälde „Die Pfahlbauerin"
des Schweizer Malers Albert Anker (1831–1910)
im „Musée de Beaux-Arts, La Chaux-de-Fonds".
Bild: (via Wikimedia Commons),
Lizenz: gemeinfrei (Public domain)

Vorwort

Als die ersten Bauern der Jungsteinzeit um 5.500 v. Chr. in
Deutschland einwanderten, ließen sie sich im Binnenland auf
fruchtbaren Lössböden nieder. Anfangs interessierten sie und
ihre Nachfolger die Seen, Moore und Flussufer noch nicht als
Siedlungsstandorte. In Küstengebieten des Mittelmeeres
dagegen errichteten frühe bäuerliche Siedler bereits ab 5.300 v.
Chr. erstmals Dörfer in Binnenseen. Um 5.000 v. Chr. entstanden
auch in Norditalien am Alpenrand schon Häuser am feuchten
Ufer und im Wasser von Seen. Ungefähr ab 4.200 v. Chr.
breiteten sich rund um die Alpen immer mehr Siedlungen an
Seen, Mooren und Flüssen aus. Mit Kulturen und Kulturstufen
der Jungsteinzeit und Bronzezeit in Baden-Württemberg und
Bayern, die teilweise an Gewässern ihre Siedlungen anlegten,
befasst sich das Taschenbuch „Pfahlbauten in Süddeutschland".
In der Jungsteinzeit handelte es sich um die Aichbühler Gruppe,
Schussenrieder Gruppe, Hornstaader Gruppe, Pfyner Kultur,
Horgener Kultur, Goldberg III-Gruppe und Schnurkeramischen Kulturen. Die Menschen der Aichbühler Gruppe er-
richteten als erste auf Pfählen ruhende Wohnbauten am Federsee und jene der Hornstaader Gruppe am Bodensee. In der
Bronzezeit existierten Seeufer- und Moorsiedlungen während
der Singener Gruppe, Arbon-Kultur, Hügelgräber-Kultur und
Urnenfelder-Kultur.

Inhalt

Prähistoriker Hans Reinerth (1900–1990).
Foto: Porträt von 1922

Das Dorf Aichbühl
am Federsee

Die Aichbühler Gruppe von etwa 4.200 bis 4.000 v. Chr.

Von etwa 4.200 bis 4.000 v. Chr. war an den Seen und Mooren Oberschwabens sowie entlang der oberen Donau in Baden-Württemberg die Aichbühler Gruppe verbreitet. Manche Prähistoriker bezeichnen die Aichbühler Gruppe auch als Aichbühler Kultur. Diese Gruppe gilt als eine der ältesten Pfahlbaukulturen nördlich der Alpen. Abgelöst wurde sie durch die Schussenrieder Gruppe.

Der Begriff Aichbühler Gruppe wurde vom 1879 entdeckten Fundort Aichbühl am ehemaligen Südufer des einst viel größeren Federsees bei Bad Schussenried (Kreis Biberach) in Oberschwaben abgeleitet. Dort hatte 1879 und 1892 der Oberförster und Heimatforscher Eugen Frank (1842–1897) aus Schussenried Grabungen vorgenommen und als erster die Ufersiedlungen im Federseegebiet erforscht.

Der Begriff Aichbühler Gruppe im heute verwendeten Sinn stammt von dem damals in Köln lehrenden Prähistoriker Jens Lüning. Er schlug 1967 eine engere Definition der Keramik der Aichbühler Gruppe vor und grenzte davon 1969 die bereits vorher als eigenständige Kulturstufe erkannte Schwieberdinger Gruppe (etwa 4.300 bis 4.200 v. Chr.) schärfer ab. Vor ihm hatten andere Experten bereits von Aichbühler Kultur oder Aichbühler Gruppe gesprochen, darunter jedoch verschiedene Kulturstufen zusammengefasst.

Von Aichbühler Kultur, Aichbühler Mischkeramik, älterer und jüngerer Aichbühler Keramik redete schon 1923 der damals in

Tübingen tätige Prähistoriker Hans Reinerth (1900–1990).Er trennte dabei aber Aichbühler und Schussenrieder Funde nicht genau, fasste darunter auch Hinterlassenschaften der Pfyner Kultur, Mondsee-Kultur und Laibacher Kultur zusammen. Reinerth, der sich ab 1931 dem Nationalsozialismus zuwandte, wirkte von 1934 bis 1945 als Professor für Vorgeschichte in Berlin, wo er die Nachfolge des Archäologen Gustaf Kossinna (1858–1931) angetreten hatte.

Von Aichbühler Gruppe sprach 1960 der damals in Mainz wirkende Prähistoriker Jürgen Driehaus (1927–1986). Er beschrieb ihren Formenschatz deutlicher, fasste unter den Begriff jedoch auch die Schwieberdinger Gruppe.

Die Aichbühler Gruppe fiel in die Endphase des Atlantikums. Damals gab es vor allem buchenreiche Eichenmischwälder. Daneben wurden auch Erle, Weide, Hasel, Birke, Ahorn, Esche, Kirsche, Hainbuche, Kiefer und Eibe nachgewiesen. Im Feder-seegebiet hat man Knochenreste von Braunbären, Wildkatzen, Füchsen, Auerochsen, Wisenten, Elchen, Rothirschen und Wildschweinen gefunden. Am Federsee lebten Biber und Fischotter. In den Seggen- und Röhrichtsümpfen rings um den Federsee hielten sich Fischreiher auf, die im See reiche Beute vorfanden.

Von den Menschen der Aichbühler Gruppe hat man bisher keine Skelettreste entdeckt. Ihre Dörfer bestanden aus maximal zwei Dutzend Häusern. Die Wohnhäuser wurden in ebener-diger Bauweise auf Plätzen an Seeufern oder Mooren, an denen man kein Hochwasser befürchten musste, aber auch auf trockenen Standorten errichtet. Die Nähe zum Wasser bot ihren Bewohnern an der dem See oder Moor zugewandten Seite eine geschützte Lage und unbegrenzte Wasservorräte.

Zu den aussagekräftigsten Seeufersiedlungen der Aichbühler Gruppe zählen jene vom namengebenden Fundort Aichbühl

am Federsee sowie die etwa 80 Meter davon entfernte Siedlung Riedschachen I. Mit der Entdeckung von Riedschachen I am 24. Mai 1875 hat in Deutschland die Erforschung der Pfahl-bauten begonnen. Als erster grub der Oberförster und Heimatforscher Eugen Frank aus Schussenried dort.
Das Wissen über die Aichbühler Gruppe basiert fast aus-schließlich auf den Funden von Aichbühl und Riedschachen I. Sie wurden vor allem von 1919 bis 1928 bei Ausgrabungen in Aichbühl sowie von 1919 bis 1928 und von 1937 bis 1940 in Riedschachen durch den Tübinger Prähistoriker Richard Rudolf Schmidt (1882–1950) erforscht. Zeitweise arbeiteten bei den Ausgrabungen die damals in Tübingen wirkenden Prähistoriker Hans Reinerth und Georg Kraft (1894–1944) mit.
Die Siedlung Aichbühl erstreckte sich einst am Ufer des Federsees. Nach dem 63 Kilometer langen, 14 Kilometer breiten und bis zu 251 Meter tiefen Bodensee ist der heute nur noch 2,25 Kilometer lange, 1,03 Kilometer breite und bis zu 3,20 Meter tiefe Federsee der zweitgrößte See in Baden-Württem-berg. Ursprünglich war der Federsee etwa 9 Kilometer lang und 6 Kilometer breit. In der Nacheiszeit ist der Federsee allmählich verlandet. 1788 und 1808 verkleinerte man die Seefläche, um neue Seewiesen zu gewinnen. Heute wird der Federsee vom Federseemoor umgeben, in dem man ehemalige Seeufersiedlungen entdeckte. Die Siedlungsspuren befinden sich jetzt weitab vom ehemaligen Seeufer.
Das unbefestigte Dorf Aichbühl wurde aus 23 bis 25 Häusern gebildet, die vielleicht alle gleichzeitig bewohnt gewesen sind. Die Wohnhäuser erreichten eine Länge bis zu acht und eine Breite bis zu fünf Metern. Ihre Giebelseite wies zum Federbach, der in den Federsee einmündete. Der Eingang lag stets auf der südöstlichen Schmalseite, wo sich jeweils ein nicht

Rekonstruktion der namengebenden Seeufersiedlung Aichbühl
am Federsee bei Bad Schussenried (Kreis Biberach)
in Baden-Württemberg.
Zeichnung: Landesdenkmalamt Baden-Württemberg,
Pfahlbauarchäologie Bodensee-Oberschwaben,
Gaienhofen-Hemmenhofen

überdachter, mit Holz ausgelegter Vorplatz anschloss. Mehrere dieser Vorplätze waren untereinander verbunden und bildeten so einen Gang vor den Häusern, der gemeinschaftlich genutzt, aber nicht gemeinsam errichtet wurde. Die aus Baumstämmen angefertigten Holzfußböden bedeckte man mit Birkenrindenschichten, die man mit Lehm überstrich. Jedes Haus besaß einen kürzeren vorderen und einen längeren hinteren Raum. In ersterem befand sich häufig ein aus Lehm geformter kuppelartiger Backofen. Daneben gab es manchmal einen offenen Herd im größeren Raum.

Für den Fußboden und für das tragende Gerüst dieser Wohnhäuser benötigte man schätzungsweise etwa 150 bis 200 Baumstämme, für die ganze Siedlung demnach mindestens 3.500. Zum Fällen und Bearbeiten der Baumstämme wurden Geräte aus Felsgestein benutzt. Das Dach deckte man mit Schilf. Die nach dem angrenzenden Wäldchen benannte Seeufersiedlung Riedschachen I erstreckte sich in östlicher Nachbarschaft von Aichbühl auf einer kiesigen Landzunge und wurde auf drei Seiten vom Federsee umgeben. Dieses Dorf befand sich somit in einer besonders geschützten Lage. Es bestand vermutlich aus sechs größeren Häusern. Auch in diesen Gebäuden gab es jeweils einen Holzfußboden mit Lehmestrich sowie einen vorderen und einen hinteren Raum. Zur Innenausstattung gehörten ein mit Lehm überwölbter und am Boden mit Steinen gepflasterter Backofen sowie ein offener mit Steinen ausgekleideter Herd. Laut dem „Enzyklopädischen Handbuch zur Ur- und Frühgeschichte Europas" (1969) des tschechischen Prähistorikers Jan Filip (1900–1981) gehörte zur Inneneinrichtung der Häuser von Riedschachen I auch eine Schlafbank. Als Haustiere der Dorfbewohner wurden Torfrind, Pferd, Schaf und Haushund erwähnt. Nach heutiger Anschauung gab es

Verzierter Becher der Aichbühler Gruppe
von Riedschachen am Federsee bei Bad Schussenried (Kries Biberbach)
in Baden-Württemberg.
Höhe 11 Zentimeter, Durchmesser 9 Zentimeter.
Original im „Landesmuseum Württemberg", Stuttgart.
Foto: „Landesmuseum Württemberg", Stuttgart

zur Zeit der Aichbühler Kultur allerdings noch noch keine Hauspferde. Im „Dritten Reich" (1933–1945) litt die Federsee-Forschung unter ideologischen Ideen der Nationalsozialisten. Das Federseegebiet wurde als Zeugnis der „sieghaften germanischen Ausbreitung" betrachtet und propagiert. Deren „altgermanisches architektonisches Vorbild" sollte auch für die Kultur Trojas und der Griechen prägend gewesen sein, hieß es. Der Prähistoriker Hans Reinerth stellte – laut „Wikipedia" – allerlei absurde völkische Theorien zur Federseebesiedlung auf und war nach 1945 bis zu seinem Tod beruflich weitgehend geächtet. Funde von Aichbühler Keramik im Hohlenstein bei Asselfingen und unter dem Felsdach Lautereck (beide Alb-Donau-Kreis) beweisen, dass Angehörige dieser Gruppe auch Höhlen aufgesucht haben.

Die in der Siedlung Riedschachen geborgenen Knochenreste von Wildtieren belegen die Jagd auf Auerochse, Rothirsch, Reh, Wildschwein und sogar auf die kräftigen und gefährlichen Braunbären. Vermutlich ging man mit Pfeil und Bogen auf die Pirsch. Daneben sind aber auch andere Jagdpraktiken denkbar, die bisher nicht archäologisch belegt sind. In Riedschachen hat man außerdem Reste von Fischen gefunden.

Hauptgrundlagen der Ernährung waren jedoch der Ackerbau und die Viehzucht. Nach den Funden in den Seeufersiedlungen Aichbühl und Riedschachen zu schließen, haben die Aichbühler Leute Zwergweizen, Emmer, Einkorn, Gerste und Mohn angebaut und geerntet. Zudem sammelten und aßen sie wildwachsende Haselnüsse, Himbeeren, Brombeeren, Erdbeeren, Wildäpfel, Schlehen und Wassernüsse.

Knochenreste von Tieren aus Riedschachen bezeugen die Haltung von Rind, Schaf und Ziege. Auch der Hund gehörte zu den Haustieren dieser Dorfbewohner. Womöglich war er nicht nur Spielgefährte, sondern zudem Wach- und Jagdhund. Die Aichbühler Leute verfügten offenbar über ein vielseitiges Nahrungsangebot, das von wildwachsenden und angebauten pflanzlichen Produkten bis hin zu Wildbret und gelegentlich geschlachteten Haustieren reichte. Die Backöfen und offenen Herde in den Wohnhäusern dienten zum Brotbacken und Fleischbraten.

Typisch für die Tongefäße der Aichbühler Gruppe sind flachbodige verzierte Amphoren, Becher, Flaschen und Trichterrandgefäße. Diese tragen im oberen Teil in Furchen-stichtechnik gefertigte Muster mit Metopen- und Zickzack-bändern. Daneben gibt es grob wirkende Töpfe mit großen Trichterrändern, die häufig einen gekerbten Rand aufweisen. In den Ritzmustern sind manchmal weiße Farbreste zu erkennen.

Auffällig unter den Geräten aus Stein, Knochen und Geweih sind erstmals auftretende schlanke Streitäxte. Die Aichbühler Hammeraxt ist den durchbohrten Äxten der Lengyel-Kultur sehr ähnlich.

Aus der Zeit zwischen etwa 4.200 und 3.650 v. Chr. soll – laut Altersdatierungen – die tönerne Maske eines zahnlosen oder toten Mannes mit eingefallener Unterlippe vom Fundort Riedschachen am südlichen Federsee stammen. Demnach könnte sie von einem Angehörigen der Aichbühler Kultur, Schussenrieder Gruppe oder Pfyn-Altheimer-Kultur geschaffen worden sein. Das rätselhafte Objekt wurde in den 1960er Jahren von dem Federsee-Forscher Ernst Wall (1903–1985) im Bereich des jungsteinzeitlichen Federbaches entdeckt, der in eine seichte Bucht des Federsees mündete. Erst bei einer Sichtung des Nachlasses von Wall wurde 2014 die wahre Natur des Fundes von Riedschachen als Fragment einer rechten Gesichtshälfte aus gebranntem Ton erkannt. Zu sehen sind die Durchbrechungen für ein Auge und den Mund, ein Tonwulst, der zur Befestigung der abgeplatzten Nase diente und die eng beieinanderliegenden Nasenlöcher. Zwei randlose Befestigungslöcher und eine sorgfältige Glättung im Inneren deuten darauf hin, dass man diese Maske vor das Gesicht binden konnte.

Der Prähistoriker Helmut Schlichtherle versuchte zunächst, das Gesichtsfragment zu einem Gefäß zu ergänzen. Doch dies misslang wegen der irregulären Formen. Erst als das Fragment durch eine spiegelverkehrte Rekonstruktion ergänzt wurde, war das Maskengesicht erkennbar. Schlichtherle schrieb 2016, für den Bereich der Pfahlbauten sei die Maske von Riedschachen eine sensationelle und einzigartige Entdeckung. Bisher seien in Europa erst zwei eindeutig jungsteinzeitliche Tonmasken gefunden worden. Eine Maske von Uivar in Rumänien stamme aus der Vinca-Kultur zwischen 6.200 und 5.500 v. Chr. Eine andere Maske aus Balatonöszöd in Ungarn sei in einer Siedlung der Badener Kultur um 2.700 v. Chr. zum Vorschein gekommen. Die Maske aus Riedschachen sei bei rituellen Anlässen wie Initiationen (Aufnahme von Jugendlichen in den Kreis der Erwachsenen), Ahnenfesten sowie anderen religiösen und sozialen Ereignissen getragen worden. Dabei habe diese Maske ihre Wirkung aus dem paradoxen Spiel zwischen der lebenden Agitation des Maskenträgers und der Unbewegtheit seines toten Zweitgesichts bezogen.

Prähistoriker Jürgen Driehaus (1927–1986).
Foto: Veronika Driehaus, Nürnberg

Vier Brandkatastrophen im Dorf Ehrenstein

Die Schussenrieder Gruppe vor etwa 4.200 bis 3.500 v. Chr.

Ab etwa 4.200 bis fast 3.500 v. Chr. war in Teilen von Baden-Württemberg die Schussenrieder Gruppe verbreitet. Laut Online-Lexikon „Wikipedia" dauerte sie bis um 3.700 v. Chr. Teilweise bezeichnet man die Schussenrieder Gruppe auch als Schussenrieder Kultur. Fundstellen kennt man vor allem aus dem Federseegebiet in Oberschwaben, aus dem Blautal bei Ulm und im oberen Donaugebiet. Als bevorzugte Wohnplätze dienten Ufer von Seen und Flüssen.

Den Begriff Schussenrieder Gruppe prägte 1960 der damals in Mainz wirkende Prähistoriker Jürgen Driehaus (1927–1986). Zuvor sprach man bereits von Schussenrieder Typus, Schussenrieder Keramik und Schussenrieder Kultur. Ihren Namen erhielt die Gruppe von dem Fundort im Hochmoor Riedschachen bei Schussenried im Federseegebiet, an dem 1875 der Oberförster und Heimatforscher Eugen Frank aus Schussenried als erster Ausgrabungen vornahm. Ab 1966 trug Schussenried den Namen Bad Schussenried. Ende 2017 hatte die Stadt Bad Schussenried 8.668 Einwohner.

Vom Schussenrieder Typus redete man seit den Grabungen von Frank. Er bezeichnete damit sowohl Schussenrieder wie Aichbühler Keramik. Der Berliner Prähistoriker Alfred Götze (1865–1948) führte 1900 den Begriff Schussenrieder Typus als verbindlichen Terminus für die vor allem aus der oberen Siedlungsschicht von Riedschachen bekannte Keramik ein.

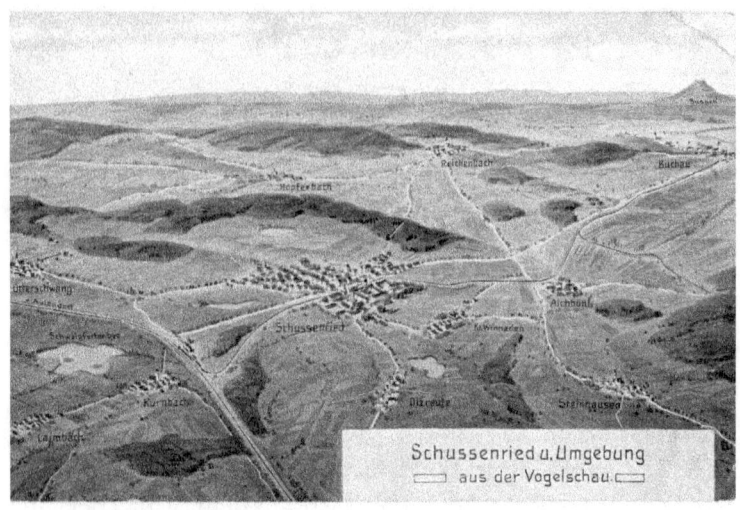

*Gemälde „Schussenried und Ungebung aus der Vogelschau"
des Malers und Verlegers Eugen Felle (1869–1934)
auf einer Ansichtskarte*

Der Begriff Schussenrieder Keramik wurde 1923 von dem damals in Tübingen wirkenden Prähistoriker Hans Reinerth verwendet. Er meinte damit das Fundspektrum von Riedschachen II. Reinerth fasste Schussenried als Element der jüngeren Aichbühler Kultur seiner Definition auf.

Von Schussenrieder Kultur sprachen 1956 der französische Arzt und Prähistoriker Jean-Paul-Louis Arnal (1907–1987) aus Tréviers sowie der französische Prähistoriker Claude Burnez (1927–2011) aus Cognac. Dabei bezogen sie sich auf eine Veröffentlichung des Zürcher Prähistorikers Emil Vogt (1906–1974) aus dem Jahre 1950.

Die Schussenrieder Gruppe fiel einerseits noch in das meist feuchtwarme Atlantikum, andererseits bereits in das kühlere Subboreal. Zu Beginn des Subboreals kam es zu einer raschen Ausbreitung der Buchen, die bald den Eichenmischwald verdrängten. Einen kleinen Einblick in die damalige Pflanzenwelt erlauben Funde aus Ludwigsburg-Schlößlesfeld. Dort wurden Reste von Sommer- bzw. Stieleichen *(Quercus pedunculata),* Winter- oder Steineichen *(Quercus sessiliflora),* Eschen *(Fraxinus excelsior),* Bergulmen *(Ulmus montana)* und Haselnusssträuchern *(Corylus avellana)* nachgewiesen.

Von den Schussenrieder Leuten hat man bisher keine sicher datierten Skelettreste entdeckt. Mit ihnen wurde ein 1876 beim Torfstechen im Steinhauser Ried bei Schussenried entdecktes Schädeldach in Verbindung gebracht, nach dem der Heilbronner Arzt und Prähistoriker Alfred Schliz (1849–1915) die sogenannte Pfahlbau-Rasse beschrieb. Um einen Angehörigen der Schussenrieder Gruppe könnte es sich auch bei einem 1929 in einem Steinbruch von Schwieberdingen (Kreis Ludwigsburg) geborgenen Frauenskelett handeln, dessen Grabgrube mit Steinplatten abgedeckt war.

Seeufersiedlungen der Schussenrieder Gruppe kennt man von

Arzt und Prähistoriker Alfred Schliz (1849–1915).
Foto: Aufnahme vor 1877 (via Wikimedia Commons),
Lizenz: gemeinfrei (Public domain)

den Fundorten Hartöschle bei Alleshausen, Riedschachen II und Taubried I am Federsee. Die Siedlung Hartöschle wurde im Sommer 1984 durch den Freiburger Prähistoriker Joachim Köninger entdeckt. Bereits 1875 spürte Eugen Frank aus Schussenried die Moorsiedlung Riedschachen II auf. Stratigraphisch lagen die Funde über Riedschachen I. Funde aus Riedschachen II sind 1902 durch Eugen Freiherrn von Tröltsch (1828–1901) aus Stuttgart beschrieben worden. Er war Offizier und Vorsitzender des Württembergischen Anthropologischen Vereins. Seit 1926 kennt man die Siedlung Taubried I, wo man bei Grabungen von 1927 und 1938 insgesamt 18 sichere Hausgrundrisse feststellte.

Zu den am besten erforschten Siedlungen dieser Gruppe gehört jene im Ortsteil Ehrenstein von Blaustein (Alb-Donau-Kreis) unweit von Ulm. Auf sie stieß man 1952 bei Baggerarbeiten im moorigen Talboden des Flusses Blau. Bei den im selben Jahr begonnenen Ausgrabungen durch den Stuttgarter Archäologen Oscar Paret (1889–1972) wurden Grundrisse und Böden von ein- und zweiräumigen Holzhäusern festgestellt Dieses Dorf umfasste einst schätzungsweise 40 Gebäude, die etwa sechs Meter lang und vier Meter breit waren. Ihre Giebel hatte man zur Dorfstraße ausgerichtet.

Jedes der Häuser von Ehrenstein besaß einen Boden aus Holzbalken, die man mit einem dicken Lehmestrich überzogen hatte. Die Außenwände bestanden aus dicht senkrecht stehenden oder waagrecht liegenden Spalthölzern, aber auch aus Flechtwänden aus Hasel- oder Weidenruten. Sowohl die Spalthölzer als auch die Flechtwände wurden mit Lehm verschmiert. Manchmal hatte sogar ein- und dasselbe Haus unterschiedlich konstruierte Wände. Das Dach dürfte mit Schilf oder ähnlichem Material gedeckt worden sein.

Bei den zweiräumigen Häusern gab es im Eingangsbereich

Archäologe Oscar Paret (1889–1972).
Foto: Porträt in Uniform zur Zeit des Ersten Weltkrieges

einen kleinen Küchenraum mit einem kuppelartigen Backofen. Letzterer hatte ein Gerüst aus Rutengeflecht, das innen und außen dick mit Lehm überzogen war. Seine einzige Öffnung für Brennmaterial und Backgut wies in den Raum und wurde wohl, wenn das Feuer darin brannte, mit einer Steinplatte verschlossen. An den Küchenraum grenzte ein durch eine Zwischenwand abgetrennter Hauptraum mit einer steingepflasterten Feuerstelle. Dies war wohl der Wohn- und Schlafraum.

Von der Gründung bis zur Aufgabe der Siedlung in Ehrenstein sind – radiometrischen Datierungen zufolge – weniger als 200 Jahre vergangen. In dieser Zeitspanne ist das Dorf viermal durch Brandkatastrophen zerstört worden. Ob das vernichtende Feuer durch Unglücksfälle entstand oder ob es das Werk von Angreifern war, ist nicht feststellbar.

Im „Pfahlbaumuseum Unteruhldingen" in Uhldingen-Mühlhofen am Bodensee ist die Rekonstruktion eines Hauses der Schussenrieder Gruppe zu bewundern. Die Anfänge dieses sehenswerten archäologischen Freilichtmuseums reichen bis 1922 zurück. Mit jährlich bis zu 300.000 Besuchern zählt das „Pfahlbaumuseum Unteruhldingen" zu den größten und bestbesuchten Freilichtmuseen Europas.

Eine weitere aufschlussreiche Siedlung der Schussenrieder Gruppe ist jene von Eberdingen-Hochdorf (Kreis Ludwigsburg) Auf sie stieß man im Sommer 1978 bei den Ausgrabungen eines hallstattzeitlichen Fürstengrabes unter einem riesigen Grabhügel. Diese Siedlung lag an einem flachen Hang, etwa 200 Meter von einem Bach entfernt. Sie wurde durch den Stuttgarter Prähistoriker Jörg Biel erforscht. In Eberdingen-Hochdorf kamen unter anderem etliche Siedlungsgruben zum Vorschein, aus denen man einst Lösslehm und Löss entnommen hatte, der für die Herstellung von Tongefäßen sowie als

Die ersten zwei Pfahlbauten im „Pfahlbaumuseum Unteruhldingen"
in Uhldingen-Mühlhofen am Bodensee
wurden 1922 vom „Pfahlbauverein Unteruhldingen"
unter wissenschaftlicher Beratung des urgeschichtlichen Instituts Tübingen
errichtet. Gezeigt werden Pfahlbauten einer Siedlung
der Schussenrieder Gruppe vom Fundort Riedschachen am Federsee.
Hier entstand 1926 / 1927 der erste Pfahlbau-Stummfilm.
Foto: ANKWÜ (via Wikimedia Commons),
Lizenz: gemeinfrei (Public domain)

Das „Pfahlbaumuseum Unteruhldingen"
in Uhldingen-Mühlhofen am Bodensee —
hier ein Foto aus dem Zeppelin —
zählt mit jährlich bis zu 300.000 Besuchern
zu den größten und bestbesuchten Freilichtmuseen Europas.
Foto: Holger Uwe Schmitt / CC-BY-SA4.0
(via Wikipedia Commons),
lizensiert unter Creative-Commons-Lizenz by-sa-4.0-de,
https://creativecommons.org/licenses/by-sa/4.0/legalcode

Fotos auf den Seiten 28 und 29:

Dieser „Pfahlbauten-Bewohner" begrüsst seit einiger Zeit
die Touristen am Schiffsanleger in Unteruhldingen am Bodenseee.
Fotos: Gerhard Giebener / CC-BY2.0 (via Wikimedia Commons),
lizensiert unter Creative-Commons-Lizenz by-2.0,
https://creativecommons.org/licenses/by/2.0/legalcode

Baustoff für Behausungen verwendet wurde. Aus einigen Pfostengruben ließen sich Hausgrundrisse rekonstruieren, die von dreireihigen Pfostenhäusern mit mindestens zehn Meter Länge stammten. In einer der Siedlungsgruben fand man Reste eines aus gebranntem Lehm erbauten Darrofens, der zum Trocknen von Getreide diente.

An anderen Fundstellen der Schussenrieder Gruppe konnten weniger aussagekräftige Siedlungsspuren geborgen werden. So kennt man von Ludwigsburg-Schlößlesfeld zwar 55 Gruben mit Keramikresten, jedoch kaum Spuren von Häusern. In Ludwigsburg-Schlößlesfeld kamen bereits 1877 die ersten Funde zum Vorschein. Ab 1960 wurden bei der Erschließung des Schlößlesfeld in Ludwigsburg an zahlreichen Stellen Siedlungsreste der Schussenrieder Gruppe geborgen. 1968 nahm der Stuttgarter Prähistoriker Hartwig Zürn dort Ausgrabungen vor. Das Fundmaterial wurde von dem damals in Köln wirkenden Prähistoriker Jens Lüning bearbeitet.

Funde von Schussenrieder Keramik in Höhlen belegen, dass auch solche natürlichen Unterschlüpfe kurzfristig aufgesucht wurden. Dies war beispielsweise in der Rechtensteiner Höhle bei Rechtenstein, im Abri am Hohlefelsen bei Schelklingen und im Bockstein bei Rammingen (alle im Alb-Donau-Kreis), der Nikolaushöhle bei Veringenstadt und in der Falkensteinhöhle bei Vilsingen (beide Kreis Sigmaringen) der Fall gewesen.

Die für kriegerische Auseinandersetzungen ungeeigneten Pfeilspitzen aus Vogelknochen verweisen darauf, dass die Schussenrieder Ackerbauern und Viehzüchter gelegentlich auf die Jagd gingen.

Ackerbauern der Schussenrieder Gruppe säten verschiedene Getreidearten aus und ernteten mit Feuersteinmessern, die in Griffe eingesetzt waren, reife Ähren. Welche Getreide-arten angebaut wurden, zeigten unter anderem Reste von Einkorn,

Emmer, Binkel-Weizen, Dinkel, Spelz- und Nacktgerste aus der Siedlung Ehrenstein bei Ulm. Dort wies man außerdem Wildäpfel, Walderdbeeren, Himbeeren und Pflaumen nach. In Siedlungsgruben von Sachsenheim (Kreis Ludwigsburg) konnte man neben Resten von Emmer, Nacktgerste und Weizen auch Erbsen bergen.

In Eberdingen-Hochdorf wurden Einkorn, Emmer, Nacktweizen, Nacktgerste und Kolbenhirse getrennt voneinander auf den Äckern angebaut, während man Petersilie und Schlaf-mohn in Gärten zog. Die Bodenbearbeitung war so gründlich, dass sich ausdauernde Unkräuter nicht ausbreiten konnten. Das Getreide hat man sowohl am Halm als auch bodennah geerntet. Das Erntegut wurde sorgfältig gereinigt und mitunter im Darrofen getrocknet. Neben Getreide kamen auch Reste der Früchte von wildwachsenden Pflanzen wie Haselnuss, Apfel und Walderdbeere zum Vorschein.

Die damaligen Viehzüchter hielten – nach den Funden zu schließen – vor allem Rinder und Schweine. Knochenreste von diesen Haustieren zeigen, dass sie merklich kleiner als ihre heutigen hochgezüchteten Artgenossen waren. In der Siedlung von Reusten (Kreis Tübingen) gab es außer Rindern und Schweinen auch Schafe und Ziegen.

Ein Zufallsfund aus der erwähnten Siedlung in Ehrenstein lieferte einen kleinen Hinweis auf den Speisezettel der Schussenrieder Leute. Dort barg man ein Tongefäß mit dem Rest einer dicken Suppe aus gut gemahlenem und gesiebtem Emmer sowie von Einkorn. Bevor man eine derartige Suppe für drei bis vier Personen kochen konnte, musste man vermutlich etwa 40 Minuten lang Getreidekörner mahlen. Neben solchen Suppen wurden wohl wildwachsende essbare Beeren, Kräuter und Samen sowie das Fleisch von Fischen, Jagdtieren und geschlachteten Haustieren verzehrt.

*Verzierter Tonkrug der Schussenrieder Gruppe
im „Museum für Vor- und Frühgeschichte Berlin".
Foto: Andreas Praefcke (via Wikimedia Commons),
Lizenz: gemeinfrei (Public domain)*

Holzgerät der Schussenrieder Gruppe mit Bastumwicklung am Stiel im „Landesmuseum Württemberg", Stuttgart".
Foto: Anagoria / CC-BY3.0 (via Wikimedia Commons), lizensiert unter Creative-Commons-Lizenz by-3.0-de, https://creativecommons.org/licenses/by/3.0/legalcode

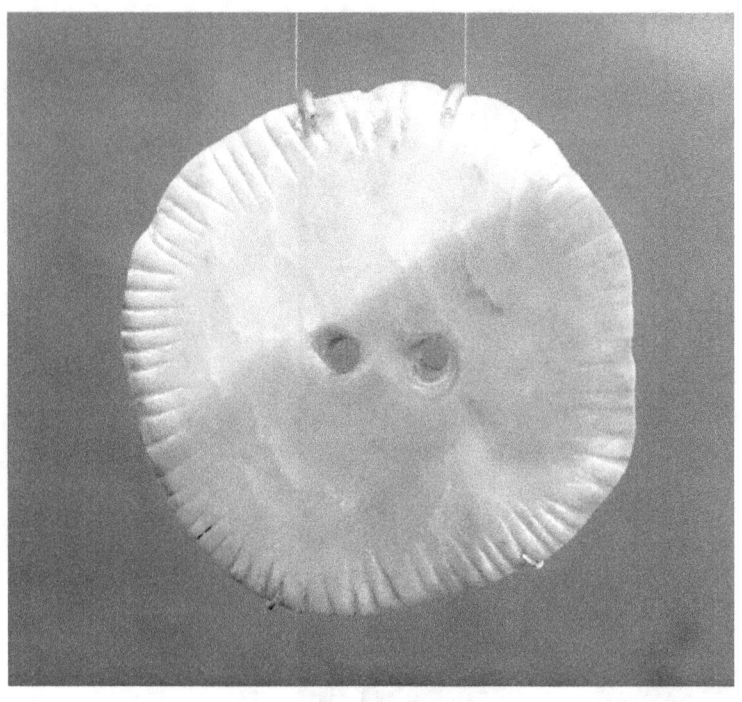

Knopf der Schussenrieder Gruppe
im „Landesmuseum Württemberg", Stuttgart.
Foto: Einsamer Schütze / CC-BY-SA4.0 (via Wikimedia Commons),
lizensiert unter Creative-Commons-Lizenz by-sa-4.0-de,
https://creativecommons.org/licenses/by-sa/4.0/legalcode

Manche Funde aus Schussenrieder Siedlungen deuten auf Tauschgeschäfte und Fernverbindungen hin. So kennt man beispielsweise aus der Siedlung von Ludwigsburg-Schlößlesfeld neben lokal vorkommenden Gesteinen auch Material aus Gegenden, die eine Tagesreise und mehr entfernt waren. Dazu zählen Mahlsteine aus etwa 30 bis 35 Kilometer Entfernung, Amphibolite für Äxte und Beile aus dem Donaugebiet (über 80 Kilometer), ein Klopfstein aus Basalt vom südlichen Oberrhein (110 Kilometer) sowie Klopf- und Reibsteine aus Porphyr vom mittleren Oberrhein (75 Kilometer). Ein Stück nordischen Feuersteins stammt sogar aus mindestens 400 Kilometer Entfernung!

In Schwieberdingen (Kreis Ludwigsburg) sind Dreiviertel der Steingeräte aus am Fundort vorrätigen Gesteinen angefertigt worden. Die übrigen stammten aus mindestens 35 Kilometer Entfernung oder von noch weiter her aus dem Oberrhein- oder Donaugebiet. Auf Kontakte und Tauschgeschäfte weisen ferner Funde von Tongefäßen der zeitgleichen Michelsberger Kultur (etwa 4.300 bis 3.500 v. Chr.) in Schussenrieder Dörfern hin. Trotz dieser Belege für einen regen Tausch weiß man nicht, wie man die einzelnen Materialien transportierte.

Von der Kleidung der Schussenrieder Leute sind in der Siedlung Ehrenstein nur aus weichem Kalkstein geschaffene Knöpfe erhalten geblieben. Diese besaßen in der Mitte zwei Löcher, durch die man einen Faden aus Bast oder anderem Material ziehen konnte. Bei einem dieser Knöpfe lässt der Mittelsteg zwischen den beiden Löchern deutliche Abnutzungsspuren durch den einst befestigten Faden erkennen. Diese Knöpfe waren am Rand mit eingeritzten Strichgruppen verziert.

Wie die Angehörigen anderer jungsteinzeitlicher Kulturstufen trugen die Schussenrieder Leute auch Schmuck. Das zeigen

Halskette der Schussenrieder Gruppe
aus Sachsenheim (Kreis Ludwigsburg) in Baden-Württemberg
im „Landesmuseum Württemberg", Stuttgart.
Foto: Daderot (via Wikimedia Commons),
Lizenz: gemeinfrei (Public domain)

beispielsweise vier durchbohrte Tierzähne aus der Siedlung in Ehrenstein. Einer dieser Zähne stammt vom Wolf, die übrigen vom Schwein. Unter den Schussenrieder Tongefäßen sind vor allem verzierte Henkelkrüge besonders typisch. Sie wurden teilweise ohne Dekor belassen oder mit Ritzmustern verschönert. Als typische Muster der Schussenrieder Gruppe gelten schräg- oder kreuzschraffierte Dreiecke und Bandmotive. Diese säumen vielfach ausgesparte Zickzackbänder. Häufig hat man die eingeritzten Muster mit weißer Paste gefüllt, die sich von den dunkel polierten Gefäßoberflächen kontrastreich abhob.

Zum Formenspektrum der Schussenrieder Steingeräte gehörten unter anderem Erntemesser aus Feuerstein mit gezähnter Schneide sowie Äxte und Beile aus dem Felsgestein Amphibolit. Die Erntemesser wurden zurechtgeschlagen, die Äxte und Beile zugeschliffen. Daneben gab es Geräte aus Tierknochen und aus Geweih.

Die Pfeilspitzen wurden meist aus verschiedenen gut spaltbaren Gesteinen geschaffen. Manchmal hat man aber auch Pfeilspitzen aus Röhrenknochen von großen Vögeln angefertigt. Solche Bestandteile von Jagdwaffen konnte man in Schussenried bergen. Die größte dieser Pfeilspitzen ist 10,7 Zentimeter lang. Sie wog zusammen mit dem als Klebstoff benutzten Birkenpech etwa neun Gramm. Ihr Gewicht entsprach damit fast demjenigen von heutigen Hochleistungspfeilspitzen, die etwa acht Gramm schwer sind. Für eine derart große Pfeilspitze bedurfte es eines mindestens 85 Zentimeter langen und 0,9 Zentimeter dicken Pfeilschaftes. Wäre dieser leichter gewesen, hätte dies zur Kopflastigkeit des Pfeils geführt.

Prähistoriker Bodo Dieckmann.
Foto: Dr. Bodo Dieckmann

Erste Pfahlbauten
am Bodensee

Die Hornstaader Gruppe vor etwa 4.100 bis 3.900 v. Chr.

Im Bodenseegebiet existierte von etwa 4.100 bis 3.900 v. Chr. die Hornstaader Gruppe. Dieser Begriff wurde 1985 durch den Prähistoriker Bodo Dieckmann aus Gaienhofen-Hemmenhofen eingeführt. Als Grundlage dafür dienten ihm die Funde von der Siedlung Hornstaad-Hörnle I bei Gaienhofen (Kreis Konstanz). Diese Funde hatte der Prähistoriker Helmut Schlichtherle bereits 1979 in seiner Dissertation als Einheit beschrieben und mit weiteren Funden vom Bodensee in Zusammenhang gebracht. Schlichtherle war später Koordinator des Forschungsvorhabens „Siedlungsarchäologische Untersuchungen im Alpenvorland" und arbeitete am Landesdenkmalamt Baden-Württemberg, Abteilung Bodendenkmalpflege, Pfahlbauarchäologie Bodensee-Oberschwaben, in Gaienhofen-Hemmenhofen.

Der Name Hornstaader Gruppe wurde von Dieckmann und Schlichtherle als Arbeitsbegriff verstanden, der zunächst nicht in den Rang einer Kultur erhoben werden sollte. Es fällt auf, dass die Keramik der Hornstaader Gruppe Beziehungen zur Schussenrieder Gruppe (etwa 4.200 bis 3.500 v. Chr.), zur frühen Pfyner Kultur (etwa 3.900 bis 3.500 v. Chr.) und zur Lutzengüetle-Kultur (etwa 4.500 bis 4.000 v. Chr.) hat. Bisher war es nicht möglich, die Hornstaader Gruppe einer dieser drei schon länger bekannten Kulturstufen zuzuordnen.

Von den Menschen der Hornstaader Gruppe sind bisher weder

*Das nach dem Vorbild der Siedlung in Hornstaad-Hörnle
rekonstruierte Hornstaad-Haus wurde 1996
im „Pfahlbaumuseum Unteruhldingen am Bodensee erbaut.
Seine Errichtung war eine Forschungsarbeit von drei bis vier Personen,
die etwa zwei Monate lang an diesem aus Holz, Gras und Lehm
bestehenden Haus bauten.
Die Forschungsarbeit befasste sich vor allem mit Fragen
zur Belastbarkeit und Haltbarkeit eines solchen Gebäudes.
Eine anschließende Bewohnung des Hauses durch einen Mitarbeiter
des Museums war Teil des Experimentes.
Der von Besuchern „Uhldi" genannte Mitarbeiter entwickelte sich
zum Besuchermagnet und lebte periodisch im Hornstaad-Haus.
2009 fiel dieses Gebäude einem Orkan zum Opfer.
Es wurde 2011 wieder aufgebaut.*

aus Hornstaad noch aus dem übrigen Bodenseegebiet Skelettreste entdeckt worden. In Höhlen und unter Felsdächern im schweizerischen Kanton Schaffhausen hat man jedoch Körperbestattungen mit ähnlichen Perlenketten gefunden, wie sie in Hornstaad angefertigt wurden.

Die Hornstaader Leute dürften die ersten Menschen gewesen sein, die in Deutschland sogenannte Pfahlbausiedlungen errichteten. Darunter versteht man an hochwassergefährdeten Seeufern angelegte Dörfer mit Holzhäusern, deren Fußböden deutlich vom Untergrund abgehoben waren. Dieser Umstand schützte die Bewohner nach langanhaltenden Regenfällen oder bei Schneeschmelze vor Überschwemmung ihrer Behausung durch das Nasser des angrenzenden Sees und zwang sie nicht zum Verlassen ihrer Häuser.

Die Erforschung der Pfahlbausiedlungen hat bereits im Winter 1853/1854 begonnen. Damals war es im Gebiet der Schweizer Alpen so trocken, dass der Wasserspiegel in den Seen stark fiel. Dies bewog Grundbesitzer, in trockengefallenen Teilen des Zürichsees den vom Wasser freien Boden bis zur Uferhöhe mit Seeablagerungen aufzufüllen. Bei deren Entnahme stieß man zwischen Obermeilen und Dollikon auf Pfähle und andere Siedlungsspuren.

Von dieser Entdeckung hörte der Lehrer Johannes Aeppli (1815–1886) aus Obermeilen. Er besichtigte die Funde und schickte Proben an die Antiquarische Gesellschaft in Zürich, deren Präsident der Altertumsforscher Ferdinand Keller (1800–1881) war. Unter dessen Leitung begannen 1854 die ersten Grabungen am Zürichsee. Noch im selben Jahr veröffentlichte Keller seinen ersten sogenannten Pfahlbaubericht. Dabei stellte er die Frage, ob die Bewohner der von ihm untersuchten Siedlung am Zürichsee zu ebener Erde am Ufer oder über dem Wasser im See gewohnt hätten.

*Überholte Darstellung eines 1854 am Zürichsee
entdeckten Pfahlbaues auf einer Plattform aus einem Buch
des Zürcher Prähistorikers Ferdinand Keller (1800–1881).*

*Altertumsforscher Ferdinand Keller (1800–1881).
Foto: (via Wikimedia Commons),
Lizenz: gemeinfrei (Public domain)*

In der Folgezeit mehrten sich die Meldungen über Pfahl-
baufunde in der Schweiz, aber auch in Österreich und
Deutschland. Im Laufe der Forschungsgeschichte haben sich
die Ansichten über die Konstruktion und den Standort der
Pfahlbauten mehrfach geändert:

1854 nahm der erwähnte Züricher Altertumsforscher Ferdinand
Keller an, diese Siedlungen habe man auf einer gemeinsamen
Plattform im See errichtet.

1877 betrachtete sie der Archäologe Eduard von Paulus (1837–
1907) aus Stuttgart als Moorbauten. Er war der Sohn des
Finanzrates, Zeichners sowie Hauptgründers und Leiters des
württembergischen Altertumsvereins, Karl Eduard von Paulus
(1803–1878) aus Stuttgart.

1922 kam der damals in Tübingen wirkende Prähistoriker Hans
Reinerth (1900–1990) nach großen Grabungen im Federseegebiet zu dem Schluss, die Siedlungen seien am Ufer angelegt
und nur bei Hochwasser vom See erreicht worden.

Seit 1942 bezeichnete der Stuttgarter Archäologe Oscar Paret
(1889–1972) die Annahme von Pfahlbauten im Wasser als
romantischen Irrtum.

1953 hielt der Züricher Prähistoriker Emil Vogt (1906–1974)
die Existenz von Pfahlbauten in Mitteleuropa letztlich für
unbewiesen. Nach seiner Auffassung waren die Siedlungen
eben- erdig am Seeufer errichtet worden.

Seit 1970 geht die Fachwelt – gestützt auf neuerliche Grabungen – davon aus, dass es neben ebenerdigen Ufersiedlungen
auch Pfahlbaudörfer gegeben hat, die am durch Überschwemmung gefährdeten Ufer lagen oder von Inseln aus in
den See hinaus terrassiert wurden. Es bleibt die Frage, was die
damaligen Bewohner von Pfahlbauten dazu bewogen hat, auf
feuchtem und von Überflutungen bedrohtem Grund zu sie-
deln. Denkbar wäre unter anderem, dass sie die geschützte

*Modell des Pfahlbaudorfes Hornstaad-Hörnle I
im „Hermann-Hesse-Höri-Museum" in Gaienhofen.
Foto: Wolfgang Sauber / CC-BY-SA4.0 (via Wikimedia Commons),
lizehnsiert unter Creative-Commons-Lizenz by-sa-4.0-en,
https://creativecommons.org/licenses/by-sa/4.0/legalcode*

Lage, die Nähe von großen Wasservorkommen, die für viele Zwecke von Nutzen sein konnte, und die Möglichkeit zum Fischfang zu schätzen wussten. Außerdem konnte man beim Hausbau ohne große Mühe Pfosten in den weichen Untergrund rammen und auf dem angrenzenden See bequemer mit dem Einbaum benachbarte Siedlungen erreichen als zu Lande durch den dichten Wald.

Unter den etwa ein Dutzend Siedlungen der Hornstaader Gruppe am Bodensee konnte bisher nur an der Fundstelle Hornstaad-Hörnle I nachgewiesen werden, dass es sich tatsächlich um ein Pfahlbaudorf handelte. Dieses lag an der Spitze der Halbinsel Höri, die von den Einheimischen als Hörnle bezeichnet wird. Dort entdeckte man Pfahlreste von 17 Häusern. Tatsächlich dürften auf der Grundfläche von etwa 4.000 Quadratmetern maximal 50 Häuser gleichzeitig gestanden haben. Die Siedlung war weder mit Gräben noch Wällen oder Palisaden befestigt.

Entdecker der namengebenden Fundstelle Hornstaad-Hörnle war im Winter 1856/1857 der Obergrenzkontrollor M. Koch. Bereits damals erfolgten Ausgrabungen, über die aber nichts Näheres bekannt ist. Auf Anregung eines Heimatforschers hat 1973 der Prärhistoriker Helmut Schlichtherle die Fundstelle Hornstaad-Hörnle I erstmals untersucht. Sie gilt als eine der am längsten und besten erforschten Pfahlbausiedlungen am Bodensee.

Vermutlich hatte man die Häuser zu einzelnen Zeilen innerhalb des Dorfes aufgereiht. Die Gebäude von Hornstaad-Hörnle I waren etwa acht bis zehn Meter lang und etwa 3,50 Meter breit. Weil man in den Ruinen abgebrannter Häuser keine Reste von Fußböden aus Holzprügeln und auch keinen Lehmestrich fand, wie sie für ebenerdige Ufersiedlungen typisch sind, schließt man daraus, dass es sich um Pfahlbauten handelte.

Das mit Schilf, Stroh, Rinde oder Grassoden gedeckte Dach wurde von langen Stangen aus Hasel-, Erlen- oder Eschenholz mit behauener Astgabel getragen. Eine komplett erhaltene Stange aus einer seitlichen Hauswand zeigt, dass diese etwa vier Meter hoch war. Demnach muss der Giebel an der Stirnseite mindestens fünf bis sechs Meter hoch gewesen sein. Die Stangen wurden nicht direkt in den Uferschlamm gerammt, sondern in querliegende, 0,50 bis einen Meter lange Holzteile (auch Flecklinge oder Pfahlschuhe genannt) eingezapft. Damit verankerte man die Stangen und verhinderte ihr Einsinken in den Untergrund. Der Fußboden ruhte vermutlich auf mehr als einen Meter tief in den Untergrund reichenden Eichenpfählen. Es ist unbekannt, in welcher Höhe der Hausboden über dem Baugrund lag. Zum Vergleich: Heutige Ferien- oder Badehäuser in ähnlicher Uferlage am Bodensee besitzen zwei Meter hohe Pfähle oder Sockel.

Für die Fußböden der Häuser von Hornstaad-Hörnle I wählte man vielleicht mit Bedacht langsam gewachsenes, engringiges und deshalb gut spaltbares Eichenholz, aus dem man Bretter anfertigte. Solche Bretter sind in Einzelfällen erhalten geblieben. An den langen, für das Gerüst bestimmten Stangen hat man schon Jahre vor dem Fällen der etwa 10 bis 15 Zentimeter dicken Baumstämme die Seitenäste entfernt. Der Hausbau wurde also sorgfältig geplant.

Die Wände wurden mit Lehm verstrichen, wie entsprechende Reste belegen. Teilweise hat man Fugen mit Moospolstern abgedichtet. Moos diente auch als „Klopapier“, wie Untersuchungen im botanischen Labor in Gaienhofen-Hemmenhofen zeigten. Zur Inneneinrichtung der Häuser gehörten mit Steinen gepflasterte Feuerstellen, an denen Nahrung zubereitet wurde.

Die Pfahlbausiedlung Hornstaad-Hörnle I ist kurz nach ihrer

Erbauung einem katastrophalen Brand zum Opfer gefallen. Man weiß nicht, ob es sich dabei um die Folge eines Unglücks oder eines Überfalles handelte. Weitere Seeufersiedlungen der Hornstaader Gruppe kennt man von Hemmenhofen und Nußdorf. Bei Hemmenhofen liegen zwei Fundstellen der Hornstaader Gruppe: Von Hemmenhofen-Im Leh kennt man seit dem 19. Jahrhundert einige Funde. In Hemmenhofen-Im Bohl wurden 1980 bei einer Probegrabung zwei durch Seekreide getrennte Schichten der Hornstaader Gruppe entdeckt. Bei Nußdorf am Nordufer des Überlinger Sees stieß man 1862 auf mehrere Pfahlbaustationen. Die Siedlungsspuren der Hornstaader Gruppe wurden 1982 entdeckt.

Für die Hornstaader Leute spielten – nach den Funden zu schließen – die Jagd und der Fischfang eine wichtige Rolle. So ist Hornstaad-Hörnle I eine der wenigen jungsteinzeitlichen Siedlungen, in denen der Anteil der Jagdtiere den der Haustiere übertrifft. Mehr als zwei Drittel der dort geborgenen Tierknochen stammen von Wildtieren und Fischen. Unter den Jagdbeuteresten überwogen diejenigen vom Rothirsch. Außerdem fand man Knochen vom Auerochsen, Wildschwein, Biber, Reh und Hasen sowie von Vögeln.

Fischfang wird in Hornstaad-Hörnle I durch Fischreste und Netzsenker belegt. Die damaligen Fischnetze wurden aus Flachsfasern hergestellt und hatten eine Maschenweite von etwa vier Zentimetern. Am Netz waren Netzsenker in Form von flachen Kieseln befestigt, in die zwecks besserem Halt einer Schnur Kerben eingehauen sind. Die Netzsenker hatten die Aufgabe, das Netz im Wasser gespannt zu halten und nicht auftreiben zu lassen.

Ungeachtet der Hinweise auf Jagd und Fischfang waren die Angehörigen der Hornstaader Gruppe in erster Linie Ackerbauern und Viehzüchter. Ihre Felder lagen – wie man es auch von anderen Seeufersiedlungen kennt – häufig bis zu mehrere hundert Meter vom Dorf entfernt auf nicht vom Hochwasser bedrohten Flächen. Dort zogen sie mit einem Furchenstock aus Holz, wie er in Hornstaad belegt ist, Rillen in den Boden und säten darin Getreidekörner aus. Saatfunde aus Hornstaad dokumentieren, dass das Saatgut frei von Unkräutern war. Möglicherweise wurden die Getreidekörner gesiebt und ausgelesen. Einen Hinweis hierfür liefert ein feines Sieb aus geflochtenem Bast aus Hornstaad. Es war von einem korbartigen Rahmen eingefasst und dürfte für die Reinigung der Ernte benutzt worden sein.

Die reifen Ähren wurden mit in Holzgriffe eingesetzten Feuersteinklingen geschnitten. Man brachte sie zur Siedlung, lagerte sie dort und drosch – worauf ein Fund aus Hornstaad hindeutet – mit hölzernen Dreschflegeln bei Bedarf kleine Mengen. Letzteres nimmt man an, weil keine nennenswerten Vorräte der von Spelzen befreiten Getreidekörner und auch keine großen Dreschplätze entdeckt wurden. Da man bei den Getreidearten Einkorn und Emmer die nicht essbaren Spelzen nur mühsam entfernen kann, dürfte das Getreide wohl in Backöfen vorgedarrt worden sein, wodurch man das Dreschen erleichterte.

Die Viehzüchter der Hornstaader Gruppe hielten – nach dem Anteil der Haustierknochen in Hornstaad-Hörnle I zu schließen – vor allem Rinder. Überreste von Schweinen sind auffällig selten vertreten. Da bisher keine Ställe nachgewiesen sind, dürfte man diese Tiere in den Wald getrieben haben, wo sie Laub, Kräuter, Eicheln oder Bucheckern als Futter vorfanden. Weite Grasflächen entstanden erst später im Laufe der Bronzezeit.

Die Hornstaader Ackerbauern und Viehzüchter verzehrten

Grützbrei, Suppen und Fladenbrot aus Getreidekörnern bzw. -mehl, Flussbarsche, Felchen und Schleien aus dem Bodensee, das Fleisch von geschlachteten Haustieren und von erlegten Jagdtieren. Hinzu kamen wildwachsende essbare Beeren, Kräuter und Samen. Viele Speisen wurden in tönernen Töpfen gekocht oder über offenem Feuer gebraten. Die Hornstaader Leute haben bei Kontakten mit Zeitgenossen begehrte Produkte getauscht. Vielleicht dienten dabei Röhrenperlen aus Kalkstein als eine Art Zahlungsmittel. Um ein sehr seltenes Importstück dürfte es sich bei einer nahezu runden Kupferscheibe von maximal 11,3 Zentimeter Durchmesser und einem Gewicht von 56 Gramm handeln, die im Brandhorizont der Siedlung Hornstaad-Hörnle I entdeckt wurde. Diese Scheibe gilt als einer der ältesten Kupferfunde in Deutschland. Das ungewöhnliche Stück stammt vielleicht aus Südosteuropa, da man von dort ähnliche Funde kennt, die aus Kupfer und mitunter sogar aus Gold angefertigt wurden.

Angesichts der Uferlage der Bodenseesiedlungen darf man wohl davon ausgehen, dass Einbäume als Wasserfahrzeuge dienten, obwohl man bisher noch keine Reste von ihnen entdeckt hat. Vom Fundort Hornstaad am Bodensee sind mutmaßliche Teile von zwei Tragegestellen („Rucksäcke") aus der Zeit von 3.917 bis 3.904 v. Chr. bekannt, mit denen man auf dem Rücken manche Lasten transportieren konnte.

Kegelförmige Vliesgeflechte aus Hornstaad-Hörnle I werden als spitzhutartige Kopfbedeckungen gedeutet. Dichte Zwirngeflechte aus Bast könnten zu mantelartigen Umhängen gehört haben. Ein Beutel aus leinwandartigem Gewebe vom selben Fundort belegt das Weben.

Als Schmuck trug man Röhrenperlen aus Kalkstein, Kettenschieber sowie Knöpfe aus Kalk und rotem Gestein und sogar durchbohrte Schlehenkerne, wie Funde aus Hornstaad zeigen.

Keramik von Hornstaad-Hörnle I bei Gaienhofen-Hemmenhofen
(Kreis Konstanz) zur Zeit der Hornstaader Gruppe.
Foto: Wolfgang Sauber / CC-BY-SA4.0 (via Wikimedia Commons),
lizensiert unter Creative-Commons-Lizenz by-sa-4.0,
https://creativecommons.org/licenses/by-sa/4.0/legalcode

Kupferscheibe von Hornstaad-
Hörnle I bei Gaienhofen-
Hemmenhofen (Kreis Konstanz)
in Baden-Württemberg.
Foto: Landesdenkmalamt
Baden-Württemberg,
Pfahlbauarchäologie
Bodensee-Oberschwaben,
Gaienhofen- Hemmenhofen

Frau am Webstuhl in der Siedlung von Hornstaad-Hörnle I
bei Gaienhofen-Hemmenhofen (Kreis Konstanz)
zur Zeit der Hornstaader Gruppe.
Zeichnung: Fritz Wendler (1941–1995)
für das Buch „Deutschland in der Steinzeit" 1991 von Ernst Probst

Rekonstruktion eines
jungsteinzeitlichen Siebes
von Anne Reichert.
Foto: Anne Reichert
(via Wikimedia Commons),
lizensiert unter Creative-
Commons-Lizenz by-sa-4.0,
https://creativecommons.org/
licenses/by-sa/4.0/legalcode

Typische Schmuckstücke der Hornstaader Leute waren vor allem die Röhrenperlen, deren Herstellungsprozess sich anhand misslungener oder unvollendeter Perlen rekonstruieren lässt. Demnach schliff man zunächst aus Kalkstein tönnchenförmige Rohlinge zurecht. Diese wurden mit länglichen Feuerstein-spitzen angebohrt, bis sie völlig durchlocht waren; solche Bohrer werden nach einem Fundort bei Olten-Trimbach in der Schweiz, dem Refugium Dickenbännli, als „Dickenbännli-bohrer" bezeichnet. Erst dann gab man ihnen durch weiteren Schliff auf Sandsteinplatten die endgültige zylindrische Form. Experimente zeigten, dass die Feuersteinspitze pro Millimeter Bohrung um einen Millimeter abgenutzt wurde.

Die Keramik der Hornstaader Gruppe ähnelt – wie bereits gesagt – derjenigen der Schussenrieder Gruppe, der frühen Pfyner Kultur und der Lutzengüetle-Kultur. Die Tongefäße der Hornstaader Leute besitzen dünne Wände und flache Böden. Sie weisen größtenteils kein Dekor auf.

Zum Geräteinventar der Hornstaader Gruppe gehörten Werk-zeuge aus Holz, Stein, Knochen und Geweih. Aus Holz fertigte man die bereits erwähnten Furchenstöcke und keulenförmige Dreschflegel an. Feuerstein von der Schwäbischen Alb diente als Rohmaterial für Kratzer, Messer und Bohrer. Auch Unter-lieger und Läufer aus Felsgestein zum Mahlen von Getreide-körnern hat man geborgen. Besonders widerstandsfähige Mittel-hand- oder Mittelfußknochen vom Hirsch wählte man als Rohmaterial für Meißel und Spitzen. Aus Hirschgeweih wurden Meißel und Spitzen hergestellt, mit denen man unter anderem Rinde oder Leder durchbohren konnte. Das Geweih diente auch zur Herstellung von Hacken.

Die Menschen der Hornstaader Gruppe verfügten über Pfeil und Bogen als Fernwaffe für die Jagd oder für Angriff und Verteidigung. Ein Belegstück dafür ist eine Feuersteinpfeilspitze aus Hornstaad-Hörnle I, an der noch Reste von Birkenteer haften, mit dem das Waffenteil an einem Holzschaft befestigt war. Vom selben Fundort kennt man auch einige gekaute braune Birkenpechklumpen mit menschlichen Zahnabdrücken. Sie wurden aus Birkenrinde destilliert und als Klebstoff benutzt. Diese Birkenpechklumpen haben einen ähnlichen Geschmack wie Kautabak, weshalb sie vielleicht auch als „vorzeitlicher Kaugummi" geschätzt worden sein dürften.

Kupfergießer der Pfyner Kultur bei der Arbeit.
Er gießt das flüssige und heiße Kupfer in eine Gussform
für einen Kupferdolch.
Zeichnung: Fritz Wendler (1941–1995)
für das Buch „Deutschland in der Steinzeit" 1991
von Ernst Probst

Die frühen Kupfergießer

Die Pfyner Kultur vor etwa 3.900 bis 3.500 v. Chr.

Von etwa 3.900 bis 3.500 v. Chr. reichte die in der östlichen Schweiz verbreitete Pfyner Kultur auch bis zum baden-württembergischen Bodenseegebiet. In Oberschwaben bildete die Pfyn-Altheimer Gruppe den Übergang zur gleichaltrigen Altheimer Kultur in Südbayern. Der Begriff Pfyner Kultur wurde 1960 von dem deutschen Prähistoriker Jürgen Driehaus (1927–1986) geprägt. Dieser Name ist von dem schweizerischen Fundort Pfyn-Breitenloo im Kanton Thurgau abgeleitet.

Die namengebende Seeufersiedlung Pfyn-Breitenloo wurde 1944 bei einer Ausgrabung unter Leitung des schweizerischen Prähistorikers Karl Keller-Tarnuzzer (1891–1973) aus Frauenfeld erforscht. Dabei hat man polnische Internierte aus einem Arbeitslager eingesetzt. Das jungsteinzeitliche Dorf Pfyn-Breitenloo umfasste neun Häuser, die meist 6 bis 9 Meter lang und 4,50 Meter breit waren. Die Böden dieser Häuser bestanden aus vierfachen hölzernen Unterlagen, die vor allem im Beeich des Herdes mit einem Lehmestrich versiegelt worden sind.

Die Pfyner Kultur gilt als eine der ältesten Kulturstufen des von manchen Prähistorikern als Kupferzeit (etwa 4.000 bis 2.000 v. Chr.) bezeichneten Abschnittes der Jungsteinzeit. Die Menschen jener Kultur kannten bereits das Kupfer und verwendeten es zur Herstellung von bestimmten Geräten.

Die Pfyner Kultur fiel weitgehend in die ersten Jahrhunderte des Subboreals. Zu dieser Zeit wuchsen in den Wäldern am Bodensee vor allem Buchen und Linden. Hinzu kamen gebietsweise Eichen, Erlen, Ulmen, Ahorn, Hasel, Tannen,

*Freigelegter Hausboden mit steingepflasterter Feuerstelle
aus der Zeit der Pfyner Kultur im Schorrenried bei Reute
unweit von Bad Waldsee (Kreis Ravensburg)
in Baden-Württemberg.*
*Foto: Landesdenkmalamt Baden-Württemberg,
Pfahlbauarchäologie Bodensee-Oberschwaben,
Gaienhofen- Hemmenhofen*

*Rekonstruktion eines Hauses der Pfyner Kultur vom Fundort
Thayngen-Weier im schweizerischen Kanton Schaffhausen.
Rekonstruktion im Museum zu Allerheiligen, Schaffhausen.
Foto: Helvetiker (via Wikimedia Commons),
Lizenz: gemeinfrei (Public domain)*

Kiefern, Birken, Eiben und Rosengewächse. Als die Bauern diese Wälder zu roden begannen, nahm der Anteil anspruchsvoller Schatt- und Edellaubhölzer wie Ulme, Buche und Linde ab. Dafür traten jetzt Hasel, Birke und Eiche häufiger auf. An Wildtieren lebten unter anderem Auerochsen, Elche, Rothirsche, Rehe, Wildschweine, Braunbären, Füchse, Wildkatzen, Dachse, Otter und Biber.

In Deutschland konnten von den Pfyner Leuten bisher keine Skelettreste entdeckt werden, auch die in der Schweiz geborgenen Skelettreste sind wenig aussagekräftig. Zeitgenossen dieser Menschen waren die Michelsberger Leute (etwa 4.300 bis 3.500 v. Chr.) in Südwestdeutschland, die Altheimer Leute (etwa 3.900 bis 3.500 v. Chr.) in Bayern, die Trichterbecher-Leute (etwa 4.300 bis 3.000 v. Chr.) in Norddeutschland und die Baalberger Leute (etwa 4.300 bis 3.700 v. Chr.) in Mitteldeutschland.

Die Pfyner Leute legten ihre Siedlungen gern an Seeufern an. Als Seeufersiedlungen der Pfyner Kultur gelten die Fundorte Hornstaad-Hörnle II sowie Hornstaad-Schlößle II und III. An großen Seen baute man vermutlich auch Pfahlbaudörfer. Die auf moorigem Gelände errichteten Gebäude hatten ebenerdige Fußböden, die man mit einem Lehmestrich versah. Die Dörfer umfassten maximal 40 Häuser, wovon die größten bis zu 9 Meter lang und bis zu 4,50 Meter breit waren. In einer solch großen Siedlung lebten schätzungsweise bis zu 200 oder gar 300 Menschen. Ausgrabungen in der Schweiz zeigten, dass es in Pfyner Siedlungen Wohnhäuser und Ställe sowie aus Holzbohlen geschaffene Wege gab. Die Bewohner der mindestens zehn Häuser umfassenden Siedlung Thayngen-Weier II im schweizerischen Kanton Schaffhausen bauten aus Holzbohlen einen Weg, auf dem sie auch in Schlechtwetterzeiten trockenen Fußes gehen konnten. Zwei Holzbohlenwege sind von den

Siedlern des Dorfes Thayngen-Weier III angelegt worden.
Manche dieser Dörfer wurden durch Palisaden oder Zäune
geschützt.

Ein Holzrad aus der schweizerischen Siedlung Zürich-
Seehofstraße belegt die Existenz von Wagen. Allerdings kann
dieses wertvolle Beweisstück sowohl aus einem Horizont der
späten Pfyner Kultur als auch aus der Schicht der folgenden
Horgener Kultur stammen.

Im baden-württembergischen Anteil des Bodensees lagen
Siedlungen der Pfyner Kultur unter anderem bei Wangen,
Hornstaad-Hörnle, Markelfingen und Bodman (alle im Kreis
Konstanz). Allein bei Wangen existierten drei Pfyner Sied-
lungen.

Die Ufersiedlung Wangen auf der Halbinsel Höri ist for-
schungsgeschichtlich besonders interessant. Sie wurde bereits
1856 durch den Bauern und Ratsschreiber Kaspar Löhle (1799–
1878) aus Wangen entdeckt und untersucht. Wangen gilt
deshalb als die erste bekannte Ufersiedlung am Bodensee. Zwei
Jahre zuvor war die aufsehenerregende Entdeckung der ersten
Pfahlbausiedlung am Zürichsee erfolgt.

Zu dem Dorf bei Wangen gehörten wahrscheinlich 20 bis 40
gleichzeitig bewohnte Häuser, die jeweils einige Meter voneinander entfernt waren. Ihre Giebelfront hatte man zum Bodensee ausgerichtet. Wegen der beschränkten Haltbarkeit des
Bauholzes besaßen die Gebäude vermutlich nur eine Lebens-
dauer von etwa 15 bis 25 Jahren. Dies erforderte nach gewisser
Zeit entweder Ausbesserungen oder Neubauten. Für das tragende Gerüst der Wohnhäuser wählte man oft nur eine einzige
Holzart. So bestand eines der Gebäude in Wangen aus Eschen-
pfosten. Es lag seewärts eines Zaunes aus Haselnussholz.
Mehrere Umbauphasen konnte man unter anderem durch
dendrochronologische Datierungen von Eichenhölzern der

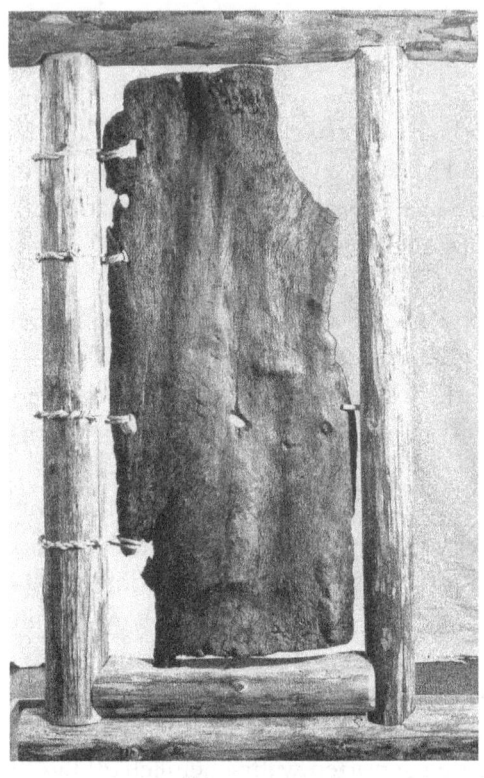

Türbrett von Robenhausen bei Wetzikon am Pfäffiker See
im schweizerischen Kanton Zürich. Es wurde bereits gegen Ende
der 1870er Jahre bei den Ausgrabungen des Landwirts
und Heimatforschers Jakob Messikommer (1828–1917) entdeckt.
Der Fund lässt sich nur allgemeine der Jungsteinzeit,
aber keiner bestimmten Kultur derselben zuordnen.
Original des Türbretts in modernem Rahmen
im Schweizerischen Landesmuseum Zürich.
Foto: Schweizerisches Landesmuseum Zürich.

Pfyner Siedlung von Hornstaad-Hörnle feststellen, wo zuvor bereits Angehörige der Hornstaader Gruppe (etwa 4.100 bis 3.900 v. Chr.) gelebt hatten. Die ersten Häuser wurden 3.586 v. Chr. erbaut. Schon 16, 19, 20 und 21 Jahre später wurden Umbauten erforderlich, wie neu eingeschlagene Pfähle zeigen. Außerdem errichtete man in dieser Zeitspanne neue Häuser. Weitere Bauphasen folgten zwischen 3.541 und 3.531 v. Chr. sowie 3.520 und 3.508 bis 3.507 v. Chr. Dabei legte man Wert darauf, den alten Standort der Gebäude beizubehalten.

Vom Fundort Robenhausen bei Wetzikon am Pfäffiker See im schweizerischen Kanton Zürich ist ein Türbrett interessant. Es war unten in die Schwelle eingezapft und vermutlich mit Lederriemen oder Schnüren am Türpfosten befestigt. Das 1,45 Meter hohe, 55 Zentimeter breite und 4 Zentimeter dicke Türbrett lässt sich jedoch nicht einer bestimmten der in Robenhausen vorkommenden Fundschichten zuweisen. Es könnte aus der Pfyner Kultur, der Horgener Kultur oder aus den Schnurkeramischen Kulturen stammen.

Der geringe Anteil von Wildtierknochen in Siedlungen lässt erkennen, dass die Menschen der Pfyner Kultur nur selten auf die Jagd gingen. Die Jagdbeute lieferte auch Rohmaterial für Geräte und Schmuck. Vermutlich hat man mit Pfeil und Bogen auch Vögeln nachgestellt. Darauf deutet beispielsweise der Fund eines stumpfen, etwa drei Zentimeter langen, durchlochten Geweihstückes von Wolpertswende am Schreckensee (Kreis Ravensburg) hin. Es wird als Bewehrung eines für die Vogeljagd bestimmten Pfeiles betrachtet. Fischfang ist durch mehrere aus Eberzahnlamellen und Knochen geschnitzte Angelhaken aus Wangen-Hinterhorn dokumentiert.

Die Pfyner Ackerbauern am Bodensee säten und ernteten Getreide. Außerdem gewann der Anbau von Ölfrüchten – wie Mohn und Lein – an Bedeutung. Die Bewohner der Ufersiedlung Bodman-Blissenhalde am Überlinger See (ein Teil des Bodensees) unterhalb des nördlichen Steilhangs des Berges Bodanrück konnten nur in einiger Entfernung von ihrem Dorf Ackerbau betreiben, da der schmale Uferstreifen zwischen Steilhang und Wasser gerade für die Wohnhäuser, nicht aber für Ackerflächen reichte. Gegen eine landwirtschaftliche Nutzung sprechen außer der Enge auch die zeitweilige Schattenlage sowie der jäh ansteigende Hang hinter der Siedlung. Da aus Bodman-Blissenhalde aber Kulturpflanzen- und Getreidedreschreste vorliegen, dürften die Felder auf der Hochfläche des Bodanrück gelegen haben.

Die ersten Funde von Bodman-Blissenhalde hat in den 1950er Jahren der Sammler Hermann Schiele aus Dingelsdorf geborgen. Das Landesdenkmalamt erfuhr erst durch den Sammler Helmut Maier aus Konstanz von dieser Fundstelle, die im Winter 1985/1986 bei extrem niedrigen Wasserständen durch den Prähistoriker Helmut Schlichtherle aus Gaienhofen-Hemmenhofen untersucht wurde.

In den Dörfern der Pfyner Kultur am Bodensee hatte die Viehzucht eine viel größere Bedeutung, als es noch in den einige Jahrhunderte älteren Siedlungen der Hornstaader Gruppe der Fall gewesen war. Dies kann man aus dem deutlich überwiegenden Anteil von Haustierknochen gegenüber Wildtierknochen ablesen. Die Haltung von Rindern ist in der Siedlung Wangen belegt. Neben Wildbret, Fischen, Grützbrei und Fladenbrot aus Getreidekörnern und dem Fleisch geschlachteter Haustiere verzehrte man damals auch essbare Früchte, Beeren, Kräuter und Samen wildwachsender Pflanzen. Einen Hinweis in diese Richtung geben Funde von gedarrten Äpfeln aus der Siedlung Wangen.

Auf Verbindungen zu anderen Kulturen und auf Tauschgeschäfte der Pfyner Leute deuten unter anderem Tongefäße der zeitgleichen Michelsberger Kultur und der Altheimer Kultur hin, die in Pfyner Siedlungen entdeckt wurden. Vielleicht hat sich auch in den Gefäßen selbst Tauschgut befunden. Die Pfyner Leute trugen offenbar Kleidung aus leinwandartigem Gewebe, das aus Flachs hergestellt wurde. Der Rest eines solchen Gewebes kam in der Siedlung Wangen zum Vorschein. Als Schmuck dienten durchbohrte flache Kiesel oder Hirschgeweihanhänger und manchmal auch ritzverzierte Spangen aus Knochen. Derartige Objekte hat man als Einzelstücke in Wangen gefunden. Die besonders dekorative Knochenspange wird im Britischen Museum in London aufbewahrt.

Die Tongefäße der Pfyner Kultur aus den Ufersiedlungen am Bodensee waren häufig flachbodig, glänzend poliert und unverziert. Die Oberfläche von Kochtöpfen hat man oft mit Tonschlick künstlich aufgerauht. Eine Besonderheit unter der Pfyner Keramik sind Henkelkrüge mit plastisch herausmodellierten weiblicher Brüsten, die manchmal auch nur durch ein Knubbenpaar symbolisiert sein können.

In oberschwäbischen Siedlungen weisen die Tongefäße Merkmale der Pfyner Kultur aus der Nordschweiz und der Altheimer Kultur aus Bayern auf. Deswegen spricht man hier von der Pfyn-Altheimer Kultur. Dieser rechnet man die Siedlungen Ruhestetten, Ruprechtsbruck, Schreckensee, Reute, Musbach, Ödenahlen und vielleicht auch die Ufersiedlung am Ruschweiler See zu.

Die Pfyner Leute haben aus Ahorn- oder Eichenholz besonders robuste Gefäße geschaffen. Als Rohmaterial dafür dienten vorzugsweise Auswüchse oder Geschwüre von Bäumen. Diese Maserknollen hackte man aus dem Stamm oder Ast und höhlte sie mit Steinmeißeln innen aus. Derartige

Leinwandbindiges Gewebe von Wangen (Kreis Konstanz)
in Baden-Württemberg. Durchmesser etwa 13,5 Zentimeter.
Foto: Landesdenkmalamt Baden-Württemberg,
Pfahlbauarchäologie Bodensee-Oberschwaben,
Gaienhofen-Hemmenhofen

*Kochtopf der Pfyner Kultur von Bodmann-Weiler (Kreis Konstanz)
in Baden-Württemberg. Höhe 21,8 Zentimeter.
Foto: Landesdenkmalamt Baden-Württemberg,
Pfahlbauarchäologie Bodensee-Oberschwaben,
Gaienhofen-Hemmenhofen*

Maserholzgefäße erwiesen sich dank ihrer verschlungenen Faserstruktur als sehr stabil. Sie rissen auch dann kaum, wenn das frische Holz austrocknete, und waren weniger zerbrechlich als Keramik. Solche Maserholzgefäße hat man im Schorrenried bei Reute unweit von Bad Waldsee (Kreis Ravensburg) geborgen. Der Lehrer Karl Haller (1897–1956) aus Reute entdeckte bereits 1934 im Schorrenried bei Reute Reste einer jungsteinzeitlichen Siedlung. Noch im selben Jahr grub dort der Stuttgarter Prähistoriker Oscar Paret. In den 1950er Jahren bargen der Lehrer Paul Schurer aus Reute und der Zahnarzt Heinrich Forschner (1880–1959) aus Biberach weitere Funde. Von 1980 bis 1982 folgten Untersuchungen durch Helmut Schlichtherle.

Zu den Werkzeugen der Pfyner Kultur zählten unter anderem zurechtgeschlagene Feuersteinmesser und zugeschliffene Beilklingen aus verschiedenen Felsgesteinarten. Um Feuersteinmesser handhaben zu können, klebte man sie mit Birkenteer in Griffe aus Holz oder Rinde ein. Entsprechende Funde liegen aus Wangen, Sipplingen und Bodman (alle im Kreis Konstanz) vor.

Die Beilklingen wurden mit unterschiedlich konstruierten Schäftungen versehen. So dienten sorgfältig ausgesuchte Astgabeln oder Äste am Stamm als Knieholme für hackenartige Holzbearbeitungsgeräte mit querstehender Schneide. Aus widerstandsfähigen Stamm- oder Stamm-Wurzel-Ansatzstücken fertigte man Stangenholme für Steinbeile. An gegabelten Schaftenden wurden die Klingen häufig mit Bastschnüren angebunden. Feine Klingen setzte man in Zwischenfutter aus Rothirschgeweih ein und befestigte dieses am Holzschaft. Das hatte den Vorteil, dass das Zwischenfutter, in dem die Klinge steckte, die Wucht des Schlages auffing und den Verschleiß des Holzschaftes minderte.

Die Pfyner Leute besaßen ebenso wie die Angehörigen vieler anderer jungsteinzeitlicher Kulturstufen Pfeil und Bogen. Neben Werkzeugen und Waffen aus Holz, Stein, Knochen und Geweih stellten die Pfyner Ackerbauern und Viehzüchter auch bereits mancherlei Geräte aus Kupfer her. Dies verraten einige Funde von tönernen Gusstiegeln in den Siedlungen Wangen und Bodman am Bodensee sowie in Wolpertswende am Schreckensee. Sie unterscheiden sich durch ihre dicken Wände, den groben Ton und anhaftende Metallreste von normalen Keramikschöpfern. Der Gusstiegel aus Wolpertswende ist einschließlich Griff 16,8 Zentimeter lang, 12,2 Zentimeter breit und hat bis zu 1,8 Zentimeter dicke Wände. Solche Gusstiegel dienten dazu, das heiße und flüssige Kupfer in die Form zu gießen.

Tönerne Gusstiegel barg man auch in etlichen Siedlungen aus den schweizerischen Kantonen Zürich (Wetzikon-Robenhausen, Männedorf-Unterdorf, Uerikon-Im Länder, Horgen-Dampfschifffahrtssteg, Zürich-Rentenanstalt, Zürich-Bauschanze, Meilen-Feldmeilen), Thurgau (Steckborn-Turgi, Steckborn-Schanz, Niederwil, Egelsee) und Schaffhausen (Stein am Rhein-Hof). Allein in der Seeufersiedlung Wetzikon-Robenhausen konnte man zehn Gusstiegel bergen. Dort kamen auch kleine Kupferäxte zum Vorschein.

Zu den Kupfergeräten der Pfyner Kultur gehören die 11,8 Zentimeter lange Klinge eines Dolches aus dem Schorrenried bei Reute sowie Flachbeile aus Bodman, Überlingen, Nußdorf, Maurach und Konstanz. Die kupferne Beilklinge, die man 1991 zusammen mit der Gletschermumie „Ötzi" in den Ötztaler Alpen (Südtirol) barg, unterscheidet sich nur geringfügig von Beilen der Pfyner Kultur. Von wem die Pfyner Leute die Kupferverarbeitung übernommen haben, ist noch nicht genau erforscht.

Klinge eines Dolches
aus dem Schorrenried bei Reute
im Landesmuseum Württemberg
Stuttgart.
Foto: Anagoria / CC-BY3.0
(via Wikipedia Commons),
lizensiert unter Creative-Commons-
Lizenz by-3.0-de,
https://creativecommons.org/licenses/
by/3.0/legalcode

Gusstiegel von Wolpertswende
am Schreckensee
(Kreis Ravensburg),
Länge 16,8 Zentimeter
Foto: Landesdenkmalamt
Baden-Württemberg,
Pfahlbauarchäologie
Bodensee-Oberschwaben,
Gaienhofen-Hemmenhofen

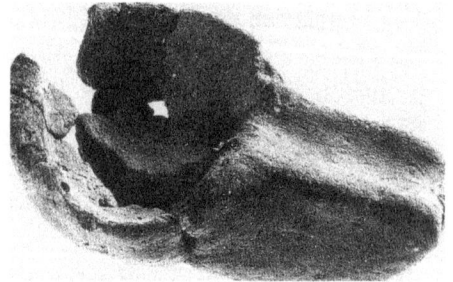

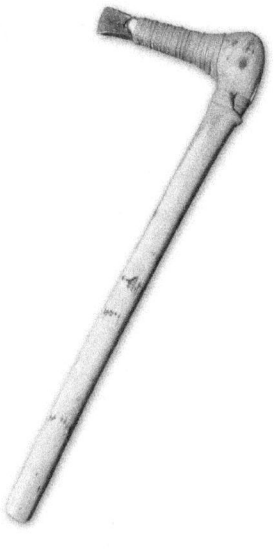

1989 deuteten Funde in Privatsammlungen darauf hin, dass im Flachwasser des Strandbades Ludwigshafen die Reste einer mit großen Zeichen und Ornamenten bemalten Hauswand liegen mussten. Sofort ging seitens des Landesdenkmalamtes die für das Unterwasserkulturgut zuständige Arbeitsstelle Hemmenhofen dieser Spur nach. Zwischen 1990 und 1994 bargen Taucharchäologen im Bodensee bei Ludwigshafen-Seehalde bemalte und modellierte Wandfragmente abgebrannter Pfahlbauten. Damit gelang ihnen ein wahrer Sensationsfund: Denn es handelte sich um Reste der ältesten Wandmalereien nördlich der Alpen. Zahlreiche Keramikfragmente der Pfyner Kultur und dendrochronologische Datierungen von Holzpfählen zwischen 3.867 und 3.861 v. Chr. beantworteten die Frage nach dem Alter der Funde. Nach 22-jähriger Puzzle-Arbeit mit mehr als 2.000 Fragmenten konnte man die Innenwand eines Pfahlbaues rekonstruieren, welche die fast lebensgroßen Oberkörper von mindestens sieben weiblichen Gestalten mit erhobenen Händen und realistisch aus Lehm geformten Brüsten präsentierte. Die Brüste waren mit weißen Punkten übersät und mehrfach von einem gemalten kreuzförmigen Band durchzogen. Eine nach außen abstehende und mit Fransen versehene Linie stellte sich als Ärmchen mit einer dreifingrigen Hand heraus. Man vermutet, die dargestellten Personen sollten große Ahnfrauen oder gottähnliche Gestalten verkörpern. Das imposante Kunstwerk wurde bei der „Großen Landesausstellung 2016" in Bad Schussenried und Bad Buchau erstmals gezeigt. Bei den Gebäuden mit Wandmalereien in Ludwigshafen-Seehalde könnte es sich um Wohnhäuser von Familienoberhäuptern handeln, die eine besondere rituelle Funktion besaßen. Ebenso gut ist es möglich, dass diese Häuser von Dorfbewohnern gemeinsam genutzt wurden. Eventuell waren es Versammlungsorte von Clan-Gruppen.

Zum Fundgut aus Ludwigshafen-Seehalde gehörten außer Fragmenten der Wandmalereien sorgfältig angefertigte Textilien und ein menschengestaltiges Tongefäß mit aufgesetzten Brüsten und Armen. In diesem Tongefäß hatte man aus Birkenrinde klebrigen Birkenteer hergestellt.

Prähistoriker Emil Vogt (1906–1974).
Foto: Schweizerisches Landesmuseum, Zürich

Siedlungen am Federsee und Bodensee

Die Horgener Kultur vor etwa 3.500 bis 2.800 v. Chr.

In der Zeit von etwa 3.500 bis 2.800 v. Chr. existierte am Bodensee und am Federsee sowie in anderen Gebieten Baden-Württembergs die Horgener Kultur, die vor allem in der Schweiz verbreitet war. Den Begriff Horgener Kultur hat 1934 der Züricher Prähistoriker Emil Vogt (1906–1974) von der Ufersiedlung Horgen-Scheller am Zürichsee abgeleitet. Dabei berief er sich auf die für diese Kultur typischen Funde aus der Ufersiedlung Horgen-Scheller, die 1923 bei Bauarbeiten entdeckt wurde.

Nach Knochenfunden aus Sipplingen zu schließen, lebten zu dieser Zeit am Bodensee in den mit Eichen durchsetzten Buchen-, Birken- und Tannenwäldern unter anderem Braunbären, Wisente, Auerochsen, Elche, Rothirsche, Rehe, Wildpferde, Wildschweine, Wildkatzen und Füchse. Im Bodensee selbst schwammen Hechte, Biber und Fischotter. Auch Kormorane sind nachgewiesen worden.

Aussagekräftige Skelettfunde von Menschen konnten bisher nicht geborgen werden. Aus Wangen (Kreis Konstanz) liegt lediglich ein Oberarmknochen vor. Auch in der Schweiz fand man bisher keine sicheren Gräber der Horgener Kultur.

Die Horgener Leute haben ihre Dörfer vorzugsweise an Seeufern, teilweise aber auch fernab von Seen und sogar in Höhenlagen errichtet. Am Ufer des Bodensees lagen unter anderem die Horgener Siedlungen Sipplingen, Wangen,

Webgewichte der Horgener Kultur in „Archäologie im Parkhaus Opéra", Zürich. Foto: Roland Fischer / CC-BY-SA3.0 (via Wikimedia Commons), lizensiert unter Creative-Commons-Lizenz by-sa-3.0, https://creativecommons.org/licenses/by-sa/3.0/legalcode

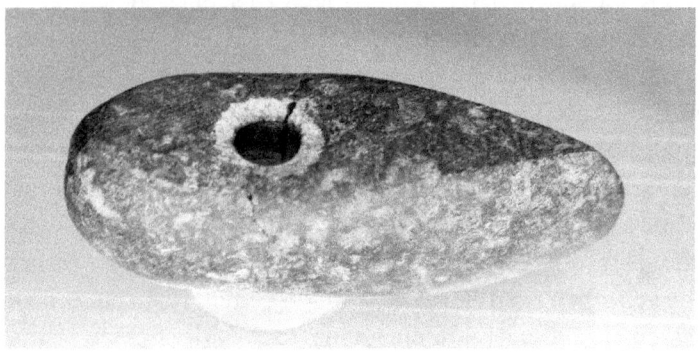

Lochaxt der Horgener Kultur in „Archäologie im Parkhaus Opéra", Zürich. Foto: Roland Fischer / CC-BY-SA3.0 (via Wikimedia Commons), lizensiert unter Creative-Commons-Lizenz by-sa-3.0, https://creativecommons.org/licenses/by-sa/3.0/legalcode

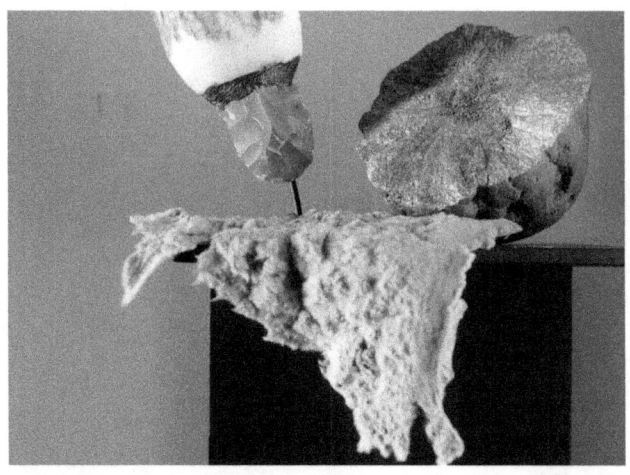

Feuerschlägel mit Schwefelkries und Zunder in „Archäologie im Parkhaus Opéra", Zürich. Foto: Roland Fischer / CC-BY-SA3.0 (via Wikimedia Commons), lizensiert unter Creative-Commons-Lizenz by-sa-3.0, https://creativecommons.org/licenses/by-sa/3.0/legalcode

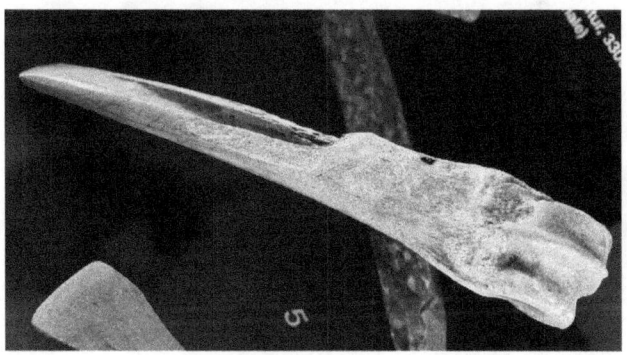

Meißel aus Geweih in „Archäologie im Parkhaus Opéra", Zürich. Foto: Roland Fischer / CC-BY-SA3.0 (via Wikimedia Commons), lizensiert unter Creative-Commons-Lizenz by-sa-3.0, https://creativecommons.org/licenses/by-sa/3.0/legalcode

Nachbildung eines Silexdolches der Horgener Kultur in „Archäologie im Parkhaus Opéra", Zürich. Foto: Roland Fischer / CC-BY-SA3.0 (via Wikimedia Commons), lizensiert unter Creative-Commons-Lizenz by-sa-3.0, https://creativecommons.org/licenses/by-sa/3.0/legalcode

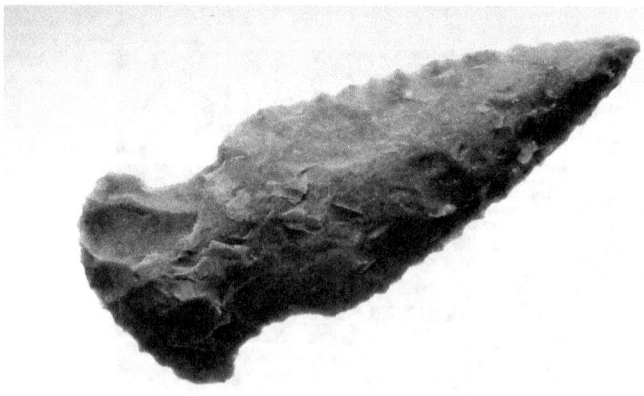

Pfeilspitze der Horgener Kultur in „Archäologie im Parkhaus Opéra", Zürich. Foto: Roland Fischer / CC-BY-SA3.0 (via Wikimedia Commons), lizensiert unter Creative-Commons-Lizenz by-sa-3.0, https://creativecommons.org/licenses/by-sa/3.0/legalcode

Bodman, Wallhausen, Hornstaad-Hörnle V und Allensbach. An den meisten dieser Fundorte hatten zuvor schon Menschen anderer jungsteinzeitlicher Kulturen ein Dorf gebaut und bewohnt. Zu den immer wieder gerne aufgesuchten Standorten zählt die Fundstelle Hornstaad-Hörnle auf der Bodenseehalbinsel Höri, wo sich bereits Angehörige der Hornstaader Gruppe (etwa 4.100 bis 3.900 v. Chr.) und der Pfyner Kultur (etwa 3.900 bis 3.500 v. Chr.) niedergelassen hatten. Am Fundort Hornstaad-Hörnle V erstreckte sich einst ein Dorf der Horgener Kultur. Es umfasste mehrere Häuser, die hinter einer Palisade parallel zum Bodenseeufer ausgerichtet waren. Nach dem Alter einiger Pfahlproben zu urteilen, hat diese Siedlung etwa um 3.200 v. Chr. bestanden.

Ab 1997 wurde in Bad Buchau/Torwiesen ein um 3.280 v. Chr. errichtetes Dorf der älteren Horgener Kultur untersucht. Einige Pfostenbauten mit Holzfußböden und Lehmestrich als Belag stammten vermutlich aus der ersten Bauphase. Neu waren mehr als 10 Meter lange, eng beieinander stehende Häuser zu beiden Seiten einer Dorfstraße. Die Giebel hatte man zur Straße ausgerichtet. Bei den Firstpfosten im mittleren Bereich der Häuser lagen eine Feuerstelle und ein überkuppelter Backofen.

Am ehemaligen Ufer des Federsees erstreckte sich die Horgener Siedlung Dullenried (Kreis Biberach), etwa 700 Meter westlich von Buchau entfernt. Sie umfasste mindestens elf kleine Häuser mit rechteckigem Grundriss. Der Ausgräber Hans Reinerth hatte 1929 die unklaren, vom Seewasser abgespülten Überreste irrtümlich als Spuren von acht einfachen ovalen Reisighütten gedeutet und für den Beginn der Hausentwicklung am Federsee gehalten. Dieses Bild wurde jedoch durch spätere Untersuchungen korrigiert. Heute gilt Dullenried als die jüngste der in den 1920er Jahren am Federsee aufgedeckten jungstein-

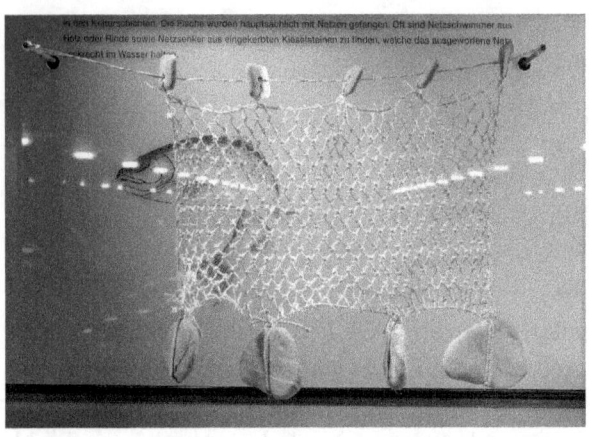

Fischnetz der Horgener Kultur in „Archäologie im Parkhaus Opéra", Zürich. Foto: Roland Fischer / CC-BY-SA3.0 (via Wikimedia Commons), lizensiert unter Creative-Commons-Lizenz by-sa-3.0, https://creativecommons.org/licenses/by-sa/3.0/legalcode

Schmuckkette der Horgener Kultur in „Archäologie im Parkhaus Opéra", Zürich. Foto: Roland Fischer / CC-BY-SA3.0 (via Wikimedia Commons), lizensiert unter Creative-Commons-Lizenz by-sa-3.0, https://creativecommons.org/licenses/by-sa/3.0/legalcode

zeitlichen Siedlungen. In Dullenried hat 1920 sowie 1928/ 1929 der Prähistoriker Hans Reinerth gegraben.

Siedlungsspuren der Horgener Kultur bei Fridingen an der Donau (Kreis Tuttlingen) lieferten einen Anhaltspunkt dafür dass die Horgener Leute auch in Höhenlagen wohnten. Dies verrät ein gewisses Schutzbedürfnis.

Vermutlich spielte – wie in den meisten jungsteinzeitlichen Kulturen – auch in der Horgener Kultur die Jagd keine wichtige Rolle. Die Horgener Leute betrieben Ackerbau und Viehzucht, säten und ernteten Getreide und hielten – wie Funde aus Sipplingen zeigen – Rinder, Schafe, Ziegen, Schweine und Hunde.

Das 33 Zentimeter lange Modell eines Einbaumes aus Sipplingen liefert einen Hinweis dafür, dass man offenbar Einbäume als Wasserfahrzeuge kannte und benutzte. Es ist aus Eschenholz geschnitzt und diente wohl als Spielzeug.

Die Horgener Leute trugen Jacken und Röcke aus Leinengewebe, worauf ein Fund aus der Schweiz deutet. In der Siedlung Allensbach (Kreis Konstanz) wurden 1986 Reste eines sandalenartigen Schuhes aus flachen Baststreifen entdeckt. Er ist 24,9 mal 12,5 Zentimeter groß, was der heutigen Schuhgröße 36 entspricht. Am selben Fundort hatte man schon 1984 einen ähnlichen Geflechtrest geborgen, den man jedoch zunächst nicht recht zu interpretieren wusste. Ein Vergleich mit dem späteren Fund lässt keinen Zweifel daran, dass es sich auch hier bei um ein Schuhfragment handelt.

Schuhreste aus der Jungsteinzeit kennt man aus Spanien (bei Albuñol), Portugal (Alapraia) und Holland (bei Buinerveen). Bereits im 19. Jahrhundert wurden in der Cueva de los Murciélagos (deutsch: Fledermaushöhle) bei Albuñol in jungsteinzeitlichen Gräbern Sandalen entdeckt, die aus rundumgelegten Zöpfen aus Esparto-Gras zusammengenäht worden sind. In einem Felskammergrab von Alapraia aus der späten Jungstein-

Tongefäß der Horgener Kultur
mit eingeritzten sonnenartigen Symbolen
von Wangen-Hinterhorn (Kreis Konstanz) in Baden-Württemberg.
Höhe 13,5 Zentimeter.
Foto: Landesdenkmalamt Baden-Württemberg,
Pfahlbauarchäologie Bodensee-Oberschwaben,
Gaienhofen-Hemmenhofen

zeit barg man ein Paar Schuhe aus Kalkstein, die wohl als Grab-beigabe gedacht waren. Und in einem Moor bei Buinerveen kam ein Lederschuh zum Vorschein, der aufgrund pollenanalytischer Untersuchungen der Jungsteinzeit zugerechnet wird.

Aus der Siedlung Sipplingen-Osthafen (Bodenseekreis) kennt man einige Schmuckstücke der Horgener Kultur. Dort fand man durchbohrte Tierzähne, Perlen, eine sehr seltene Flügelperle sowie Anhänger aus Stein oder Hirschgeweih. Kunstwerke der Horgener Kultur konnte man an deutschen Fundorten noch nicht nachweisen. Dagegen sind aus der Schweiz bescheidene Kunstwerke bekannt. So ist auf der Tonscherbe eines großen Vorratsgefäßes aus der Seeufersiedlung Meilen-Feldmeilen-Vorderfeld eine mit eingestochenen Punkten dargestellte menschliche Figur zu sehen. Sie gilt als die älteste, auf einem Tongefäß abgebildete Menschenfigur in der Schweiz. Eine Scherbe aus Eschenz-Seeäcker im Kanton Thurgau trägt ein in Punktmanier porträtiertes menschliches Gesicht. Andere Keramikreste enthalten Ritzverzierungen, die vielleicht symbolischen Charakter haben. Hierzu zählt ein Keramikfragment vom Lutzengüetle, der westlichen Kuppe auf dem Eschnerberg bei Eschenz in Liechtenstein, mit einem strahlenartigen Motiv, das vielleicht die Sonne darstellt.

Tongefäße der Horgener Kultur wirken vielfach auffällig grob und dickwandig. Häufig sind Ränder durchlocht. Speisereste verraten, dass dickwandige Gefäße auch als Behältnisse für das Erwärmen oder Erhitzen von Speisen dienten. Da sich die groben und dickwandigen Tongefäße von vorhergehenden Kulturen unterscheiden, vermutete man zeitweise, die Horgener Leute seien Einwanderer gewesen. Doch Funde in Sipplingen am Bodensee deuten auf einen fließenden Kultur-

Frau aus der Zeit
der Horgener Kultur
mit Schnuck und Kamm
bei der Morgentoilette.
Zeichnung:
Fritz Wendler (1941–1995)
für das Buch „Deutschland in
der Steinzeit" (1991)
von Ernst Probst

Verzierter Holzkamm
aus Sipplingen-Osthafen
(Bodenseekreis)
in Baden-Württemberg.
Länge etwa 9 Zentimeter.
Foto: Landesdenkmalamt
Baden-Württemberg,
Pfahlbauarchäologie
Bodensee-Oberschwaben,
Gaienhofen-Hemmenhofen

wandel hin, was auf eine bodenständige Entstehung der Horgener Kultur hindeutet. Auf den am Bodensee geborgenen Horgener Tongefäßen sind oft flüchtig eingeritzte symbolische Zeichen zu erkennen. Sie erinnern an Tannenzweige und sonnenartige Halbkreise. Neben Geschirr aus Ton hat man große tonnenartige Gefäße aus sorgfältig präparierten Abschnitten von hohlen Baumstämmen hergestellt, bei denen der Boden aus Rinde oder Leder angefügt wurde. Rohmaterial für solche Holzgefäße wurde am bereits erwähnten Fundort Wangen geborgen.

Zu den Werkzeugen der Horgener Kultur zählten unter anderem Feuersteinmesser, die man mit Griffen versah, und Dechsel zur Holzbearbeitung. Dies bewerkstelligte man dadurch, dass man Birkenpech auf die Feuersteinmesser auftrug, in das man Birkenrinde oder ein Textilstück eindrückte. Derart „griffiger" gemachte Feuersteinmesser kamen in Sipplingen-Osthafen zum Vorschein. Vom selben Ort stammt auch ein mit einem Kreisbogenmuster verzierter Holzkamm, der wohl als Steckkamm für die Haare diente.

Die Horgener Leute verfügten über steinerne Dolche sowie über Pfeil und Bogen als Waffen. In der Schweiz barg man auch Harpunen aus Hirschgeweih und als Seltenheit kupferne Dolchklingen.

Das auffällig seltene Vorkommen von Kupfer in der Horgener Kultur ist erstaunlich. Denn die vorhergehende Pfyner Kultur die weitgehend im gleichen Gebiet verbreitet war, hat selbst Kupfergeräte hergestellt und etliche Zeugnisse dieser Fertigkeit hinterlassen. Die Horgener Kultur gehörte vielleicht zu jenen Kulturen, die – aus nicht bekannten Gründen – dieses Metall ablehnten. Offensichtlich bestatteten diese Menschen ihre Toten nicht in den Siedlungen, jedenfalls hat man in keinem Horgener Dorf ein Grab entdeckt.

Prähistoriker Gerhard Bersu (1889–1964).
Foto: Römisch-Germanische Kommission
des Deutschen Archäologischen Institutes, Frankfurt/Main

Der versunkene Wagen von Seekirch

Die Goldberg III-Gruppe vor etwa 3.500 bis 2.800 v. Chr.

Zwischen etwa 3.500 und 2.800 v. Chr. existierten im Nördlinger Ries (Bayern) und in Oberschwaben (Baden-Württemberg) Siedlungen mit Hinterlassenschaften, wie sie vor allem in dem dritten auf dem Goldberg bei Riesbürg (Ostalbkreis) entdeckten Dorf zum Vorschein kamen. Ein Teil der Prähistoriker betrachtet die Goldberg III-Gruppe als eine eigenständige Kulturstufe, andere dagegen bezweifeln dies und rechnen die Siedlung Goldberg III zusammen mit einigen anderen der Chamer Gruppe (etwa 3.500 bis 2.700 v. Chr.) zu, die in Bayern sowie möglicherweise in Westböhmen, im nördlichen Niederösterreich und in Oberösterreich verbreitet war.

Den seltsam klingenden Namen Goldberg III hat 1937 der Frankfurter Prähistoriker Gerhard Bersu (1889–1964) geprägt. Bersu hatte auf dem Goldberg von 1911 bis 1929 – mit Unterbrechungen im Ersten Weltkrieg und in den Nachkriegsjahren – Ausgrabungen vorgenommen.

Bei der Siedlung Goldberg III handelte es sich um mehr als 50 Häuser, die teilweise in annähernd kreisförmigen Gruppen angeordnet waren. Die Behausungen hatten einen fast quadratischen Grundriss. Bis zu vier Meter tiefe Gruben mit steilen nach unten zu enger werdenden Wänden deutet man als Keller. Die Gruben wurden während der Besiedlungsdauer mit mancherlei Gegenständen gefüllt. Häufig fand man darin auch

*Ausgrabung 2016 am Fundort Olzreute-Enzisholz
bei Bad Schussenried in Baden-Württemberg.
Foto: Thilo Parg / CC-BY-SA4.0 (via Wikimedia Commons),
lizensiert unter Creative-Commons-Lizenz by sa-4.0,
https://creativecommons.org/licenses/by-sa/4.0/legalcode*

menschliche Skelettreste, unter denen Schädelfragmente von Kindern überwiegen. Die Siedlung ist vermutlich nach einer gewissen Zeit wieder verlassen worden.

Siedlungen aus der Zeit von Goldberg III kennt man auch auf einer Halbinsel im Schreckensee (Kreis Ravensburg), in Alleshausen-Grundwiesen, Alleshausen-Täschenwiesen, Seekirch-Achwiesen, Seekirch-Stockwiesen (alle vier Kreis Biberach) im Federseemoor sowie an der Fundstelle Olzreute-Enzisholz (Kreis Biberach) in einem verlandeten Seebecken. In Alleshausen-Grundwiesen und Alleshausen-Täschenwiesen wurden 1985/1986 kleine, nur etwa 5 Meter lange und 3 Meter breite Häuser festgestellt. Teilweise hat man diese Gebäude in alter Technik mit tragenden Pfosten erbaut, vielleicht sogar als im Wasser stehende Pfahlbauten. Andere Gebäude sind als Blockhäuser ohne tragende Pfosten mit Prügelboden direkt auf dem Torfgrund errichtet worden. Diese Funde gelten als die mit Abstand ältesten Nachweise der sonst erst ab der Spätbronzezeit bekannten Bautechnik. Die Bewohner von Alleshausen-Grundwiesen hatten sich auf Flachsanbau und Viehzucht spezialisiert. In Seekirch-Achwiesen stieß man 1989 auf Reste von Pfostenbauten unbekannter Größe, in deren Innerem sich mehrfach erneuerte Herdstellen befanden.

Bereits Ende der 1940er Jahre entdeckte man beim Torfabbau in einem Moor die Fundstelle Olzreute-Enzisholz bei Schussenried. Nach der Einstellung des Torfabbaus wurde das Gelände wieder aufgeforstet. Ab 2002 stürzten Bäume nach Stürmen um und rissen mit ihren Wurzeln große Teile aus der Mooroberfläche, wodurch die mehr als 4.900 Jahre alte Fundschicht wieder ans Tageslicht kam. 2004 startete das Landesamt für Denkmalpflege mit Vermessungen, Bohrungen und Probeentnahmen für naturwissenschaftliche Untersuchungen. Danach nahm man die Fundstelle als typisches

Reste von zwei Scheibenrädern aus der Zeit der Goldberg III-Gruppe
von Seekirch (Kreis Biberach) in Baden-Württemberg.
Höhe mehr als 60 Zentimeter.
Foto: Landesdenkmalamt Baden-Württemberg,
Pfahlbauarchäologie Bodensee-Oberschwaben,
Gaienhofen-Hemmenhofen

Beispiel für eine Siedlung in einem kleinen oberschwäbischen Ver-landungsmoor. Kleinflächige Grabungen ab 2009 bestätigten in Olzreute-Enzisholz drei mehrphasige Moorsiedlungen auf einem Areal von ungefähr 3.000 Quadratmetern. Von den Häusern der jüngeren Bauphase wurden Bretterböden entdeckt, die auf mehreren Lagen aus Rundhölzern lagen. Im Bereich der Feuerstellen hatte man der Brandgefahr durch Lehmlagen vorgebeugt. Teile der Wände und Dächer blieben nicht erhalten. Die Häuser des Dorfes waren in parallelen Reihen angeordnet. Zum von 2009 bis 2016 geborgenen Fundgut der Moorsiedlung Olzreute-Enzisholz gehören Tongefäße der Goldberg III-Gruppe, Objekte aus Silex, Felsgestein, Hirschgeweih (Hacke) und Holz (Beilholm aus Buchenholz, Backschaufel, vier große Scheibenräder und ein kleines Modellrad sowie zwei Achsen von Wagen). Die Scheibenräder gehörten vermutlich zu zweirädrigen Karren, bei denen sich die Achse mit den Rädern unter dem Fahrgestell drehte. Das am besten erhaltene Rad bestand aus Ahorn-Holz, hatte einen Durchmesser von 54 Zentimetern, wurde durch zwei eingeschobene Leisten aus Eschen-Holz stabilisiert und hatte ein schwalbenschwanzförmiges Achsloch. Bei dem kleinen Modellrad ist unklar, ob es sich um Kinderspielzeug, Anschauungsmaterial für Wagenbauer oder um einen rituellen Gegenstand handelt.
Drei Teile von Wagenrädern aus Ahorn-Holz aus der Moorsiedlung Seekirch-Achwiesen am nordwestlichen Rand des Federsee-Moores zeigen, dass deren Bewohner zwei- oder vierrädrige Karren zum Transport von schweren Lasten besaßen. Jedes der Wagenräder besteht aus zwei Teilen, die mit Einschubleisten verbunden wurden. Die 1989/1990 bei Ausgrabungen entdeckten Räderfragmente lagen etwa 1,20 Meter voneinander entfernt in etwa 50 bis 90 Zentimeter Tiefe und

machten auf den Ausgräber Helmut Schlichtherle aus Gaienhofen-Hemmenhofen den Eindruck, als seien sie hier mitsamt dem Wagen eingesunken und steckengeblieben Im Gegensatz zu dem an der Erdoberfläche verrotteten Oberteil des Wagens sind die Räder weitgehend erhalten. Die Radreste von Seekirch-Achwiesen entsprechen in allen Einzelheiten den in Schweizer Seeufersiedlungen geborgenen Rädern. Sie gehörten zu zwei- oder vierrädrigen Karren, deren mit einem viereckigen Loch in der Mitte versehene Scheibenräder fest auf der rotierenden Achse saßen. Die Räder von Seekirch-Achwiesen und aus der Schweiz unterscheiden sich mit ihren rechteckigen, buchsenlosen Achslöchern von den aus Nordeuropa und dem Donauraum bekannten Radtypen ganz deutlich. 1992 entdeckte man in der Moorsiedlung Alleshausen-Grundwiesen am nordwestlichen Rand des Federsee-Moores in etwa 1,20 Meter Tiefe ein weiteres Radsegment. Dieses Segment aus Ahorn-Holz wird wie die Teile von Wagenrädern aus Seekirch-Achwiesen in die Goldberg III-Gruppe datiert. Unsicher ist, ob ein 1992 in der Moorsiedlung Seekirch-Stockwiesen in nur 30 Zentimeter Tiefe gefundenes Radfragment aus Ahorn-Holz zur Horgener Kultur (etwa 3.300 bis 2.800 v. Chr.) oder zur Goldberg III-Gruppe gehört.

Einzelne Funde, die auf Kontakte mit der Goldberg III-Gruppe hindeuten, hat man in der Seeufersiedlung Konstanz-Hinterhausen am Bodensee geborgen. Diese Siedlung wurde 1859 entdeckt und 1882 kartiert. Auf in den 1980er Jahren angefertigten Luftbildern sind Pfahlstrukturen und Hausgrundrisse erkennbar. Die Fundstelle liegt nahe der Rheinfurt bei Konstanz und gehört zu jenen Siedlungen, die den Rheinübergang kontrollierten.

Wie die Funde auf dem Goldberg zeigen, haben die einstigen Bewohner verschiedene Werkzeuge aus Feuerstein, Felsgestein, Geweih und Knochen hergestellt. Aus Feuerstein schufen die Goldberg III-Leute beispielsweise lange Klingen und Sicheln für die Getreideernte. Felsgestein diente als Rohstoff für rechteckige und trapezförmige Beilklingen, die häufig in Hirschgeweih gefasst waren. Die systematische Verwendung von Hirschgeweih als Rohstoff erreichte während dieser Kulturstufe einen Höhepunkt. Auffällig ist auch der Reichtum an Knochengeräten für verschiedene Zwecke. Bei den unsicher datierten menschlichen Skelettresten aus Gruben von Goldberg III dürfte es sich nicht um Bestattungen sondern um achtlos hingeworfene Überreste handeln, vermutet der Münchner Anthropologe Peter Schröter.

Goldberg bei Riesbürg (Ostalbkreis) in Baden-Württemberg.
Nach der dritten dort entdeckten Siedlung
wurde die Goldberg III-Gruppe benannt.
Foto aus Carl Schuchhardt (1859–1943): Deutsche Vor-
und Frühgeschichte in Bildern (1936)

Prähistoriker Alfred Götze (1865–1948).
Foto: Porträt vor 1948

Vermeintliche Indogermanen am Bodensee

Die Schnurkeramischen Kulturen vor etwa 2.800 bis 2.400 v. Chr.

Von etwa 2.800 bis 2.400 v. Chr. traten in weiten Teilen Mitteleuropas und darüber hinaus die Schnurkeramischen Kulturen auf. Ihr Verbreitungsgebiet reichte vom Elsass im Westen bis zur Ukraine im Osten und von der Westschweiz im Süden bis nach Südnorwegen im Norden. Da für diese Kulturen der Besitz von tönernen Bechern und Streitäxten kennzeichnend ist, spricht man auch von Becher-Kulturen oder Streitaxt-Kulturen.

Der Begriff Schnurkeramische Kulturen geht auf den Berliner Prähistoriker Alfred Götze (1865–1948) zurück, der 1891 als erster von Schnurverzierter Keramik und Schnurkeramik sprach. Dieser Name bezieht sich darauf, dass die Tongefäße jener Kulturen häufig durch die Abdrücke von Schnüren verziert sind. Manche Zweige der Schnurkeramischen Kulturen hat man nach anderen Merkmalen benannt.

Die Herkunft der Schnurkeramiker in Mitteleuropa war lange umstritten. Früher hielt man sie für aus dem Osten eingewanderte Steppennomaden, die in die Gebiete der Trichterbecher-Kultur (etwa 4.300 bis 3.000 v. Chr.) und anderer gleichzeitiger Kulturen eingedrungen waren. Die Annahme, es handle sich um nichtsesshafte Viehzüchter, begründete man mit den auffällig seltenen Siedlungsspuren, dem Über-

Schnurkeramische Keramikreste aus Hornstaad-Schlößle I
im „Hermann-Hesse-Höri-Museum" in Gaienhofen
Foto: Wolfgang Sauber / CC-BY-SA4.0 (via Wikimedia Commons),
lizensiert unter Creative-Commons-Lizenz by-sa-4.0-de,
https://creativecommons.org/licenses/by-sa/4.0/legalcode

gewicht an Grabfunden, dem angeblichen Fehlen von Hinweisen auf Ackerbau und Viehhaltung.

Heute geht man jedoch davon aus, dass sich die Schnur-keramischen Kulturen unter Aufnahme neuer kultureller Strömungen aus der Trichterbecher-Kultur entwickelten und dass auch die Schnurkeramiker Bauern waren. Zeitweise hatte man in ihnen wegen ihrer weit nach Osten reichenden Verbreitung sogar die ersten bekannten Indogermanen gesehen. In Wirklichkeit waren sie jedoch keine einheitliche Erscheinung, weshalb von einem Volk mit gleicher Sprache keine Rede sein kann.

Der Prähistoriker Dirk Hecht hat in seiner Dissertation „Das schnurkeramische Siedlungswesen im südlichen Mitteleuropa" (2007) etliche schnurkeramische Siedlungen am Bodensee er-wähnt: Allensbach-Strandbad (Kreis Konstanz), Hegne-Galgen-acker (Kreis Konstanz), Hornstaad-Schlößle I, Gemeinde Gaienhofen, auf der Halbinsel Höri (Kreis Konstanz), Bod-man-Schachen II und Bodman-Weiler I (beide Kreis Konstanz), Ludwigshafen-Seehalde (Kreis Konstanz), Sipplingen-Osthafen (Bodenseekreis), Maurach-Ziegelscheuer bei Uhldingen-Mühlhofen (Bodenseekreis) und Unteruhldingen (Bodensee-kreis).

Aus Allensbach-Strandbad liegen Eichenpfähle und Holzkohle vor. Eichenpfähle wurden auf 2.681 und 2.682 v. Chr. datiert. In Hegne-Galgenacker fand man schnurkeramische Keramik, unter anderem einen leistenverzierten Topf, Äxte, Steinbeile, Spandolche, Silexgeräte und -abschläge, Pfeilspitzen und Netzsenker. Zum Fundgut in Hornstaad-Schlößle I gehören schnurverzierte Scherben von Tongefäßen, Wellenleisten-Topffragmente und eine Steinaxt. In Bodman-Schachen II entdeckte man Tonscherben, die Randscherbe eines Bechers, ein Geweihzwischenfutter und auf 2.666 v. Chr. datiertes

Berittener Krieger der Schnurkeramischen Kulturen
mit Streitaxt in der linken Hand
und Feuersteindolch am Gürtel.
Zeichnung: Fritz Wendler (1941–1995)
für das Buch „Deutschland in der Steinzeit" (1991)
von Ernst Probst

Holz. Bodman-Weiler I lieferte schnurkeramische Scherben, darunter jene eines Bechers. Aus Ludwigshafen-Seehalde kennt man drei unklare Hausgrundrisse in Pfostenbauweise, die 3 bis 4 Meter breit gewesen sein könnten. Dort barg man Hölzer aus der Zeit von 2.421 und 2.418 v. Chr. sowie einen schnurverzierten Becher. In Sipplingen-Osthafen bestand eine schnurkeramische Siedlung aus 7 Meter langen und 2,70 Meter breiten, zwei-schiffigen Pfostenbauten, die man quer zur Uferlinie aus-gerichtet hatte. Zu den Funden zählen schnurkeramische Scherben und dendrodatierte Holzpfosten (2.437 bis 2.417 v. Chr.). Rätsel gibt ein rechteckiger dreischiffiger Hausgrundriss in Maurach-Ziegelscheuer auf. Er ist mit ungefähr 20 Meter Länge für ein schnurkeramisches Gebäude eigentlich zu groß. Vielleicht handelte es sich um mehrere Grundrisse hintereinander. In Unteruhldingen barg man schnurkeramische Scherben und Äxte.

Am Federsee bei Bad Schussenried (Kreis Biberach), wo zuvor andere Kulturen der Jungsteinzeit Siedlungen errichtet hatten, ließen sich offenbar keine Menschen der Schnurkeramischen Kulturen und Glockenbecher-Kultur (etwa 2.500 bis 2.200 v. Chr.) nieder.

Knochenreste aus schnurkeramischen Siedlungen in Mitteleuropa beweisen, dass deren Bewohner neben Rindern, Schweinen, Schafen, Ziegen und Hunden auch Pferde als Haustiere hielten. Im Buch „Deutschland in der Steinzeit" (1991) von Ernst Probst ist ein berittener Krieger aus der Zeit der Schnurkeramischen Kulturen mit Streitaxt in der linken Hand und Feuersteindolch am Gürtel abgebildet. Hunde erfreuten sich bei den Schnurkeramikern besonderer Wertschätzung, wie die häufige Verwendung ihrer Eckzähne für Schmuckketten zeigt. Die Schnurkeramiker setzten für den Transport von schweren oder sperrigen Lasten zuweilen von Rindern gezogene Wagen ein. Ableiten lässt sich dies aus den Funden von drei hölzernen Rädern aus der schweizerischen Siedlung Zürich-Dufourstraße und eines hölzernen Scheibenrades aus de Eese in der holländischen Provinz Overijssel. Von Schnurkeramikern sind vermutlich die durch morastige Gegenden führenden Holzbohlenwege in der holländischen Provinz Drenthe angelegt worden. Es liegt nahe, dass auch die Schnurkeramiker in Deutschland Wägen und Wege bauten. Bei den an Seeufern legenden Siedlungen ist die Verwendung von Einbäumen als Wasserfahrzeuge denkbar.

Die Schnurkeramiker beherrschten meisterhaft die Herstellung von Werkzeugen und Waffen aus unterschiedlichen Steinarten. Aus Feuerstein schlugen sie neben Beilen, Meißeln und Klingen, die wohl als Werkzeuge dienten, auch formvollendete Waffen wie Dolche und Pfeilspitzen zurecht. Felsgestein diente als Rohstoff für durchlochte Keulenköpfe, Arbeits- und vor allem Streitäxte, die kunstgerecht zugeschliffen wurden.

Bei der Formgebung der Feuersteindolche und der steinernen Streitäxte kopierte man das Erscheinungsbild kupferner Vorbilder. Für die Streitäxte der Schnurkeramiker sind die asymmetrische Schneide und die feinpolierte metallisch glänzende Oberfläche kennzeichnend. Bei den steinernen Streitäxten wurden sogar die Gussnähte der Kupferäxte nachgeahmt.

Deutlich seltener als Steingeräte hat man Werkzeuge und Waffen aus Tierknochen geschnitzt. Aus Knochen schuf man unter anderem Meißel, Pfrieme und Dolche. Das Rohmaterial hierfür stammte von geschlachteten Haustieren. Daneben besaßen die Schnurkeramiker aber auch Pfrieme und Dolche aus Kupfer. Die Dolche waren – nach ihrer Verwendbarkeit zu schließen – eher Prunk- als Gebrauchsgeräte. Es hat den

Anschein, als habe das Metall bei den Schnurkeramikern eine besondere, prestigebehaftete Bedeutung besessen.

Die Schnurkeramiker haben ihre Toten nur ganz selten verbrannt. Einzelbestattungen waren die Regel. Es gab aber auch Doppelbestattungen sowie zu Gruppen vereinte Gräber und sogar große Gräberfelder. Der Körper eines Verstorbenen wurde mit Vorliebe in westöstlicher Richtung zur letzten Ruhe gebettet. Die Beine waren zum Körper hin angezogen. Es handelte sich also um sogenannte „liegende Hocker". Nordsüdliche Ausrichtung der Leichen bildete die Ausnahme. Das Gesicht der Toten wies überwiegend nach Süden. Männer lagen auf der rechten Körperseite mit dem Schädel im Westen, Frauen auf der linken Körperseite mit dem Kopf im Osten.

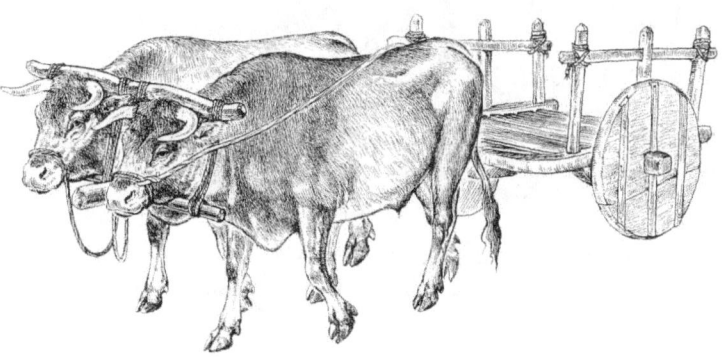

Zweirädiger Wagen mit zwei als Zugtiere vorgespannten Rindern aus der Zeit der Schnurkeramischen Kulturen.
Reste derartiger Gefährte sind aus Seeufersiedlungen geborgen worden.
Zeichnung: Fritz Wendler (1941–1995)
für das Buch „Deutschland in der Steinzeit" (1991)
von Ernst Probst

Prähistoriker Edward Sangmeister (1916–2016).
Foto: Prof. Dr. Edward Sangmeister, Freiburg/Breisgau

Eine Leibwache im Jenseits

Die Singener Gruppe vor etwa 2.300/2.200 bis 1.800 v. Chr.

Der Marburger Prähistoriker Friedrich Holste (1908–1942) gilt als der erste, der herausfand, dass es in Süddeutschland außer den damals bekannten zwei frühbronzezeitlichen Kulturen noch eine dritte eigenständige Gruppe geben musste. Diesem guten Kenner der Bronzezeit waren Unterschiede zwischen den Grabfunden des nördlichen und südlichen Oberrheintals aufgefallen. Seine Erkenntnisse hierüber wurden 1942 publiziert – im selben Jahr also, in dem er im Krieg gefallen ist.

Holstes Vermutungen sind in den 1950er Jahren durch die Entdeckung des großen frühbronzezeitlichen Gräberfeldes von Singen am Hohentwiel (Kreis Konstanz) eindrucksvoll bestätigt worden. Ausgehend von den dortigen Funden, hat 1954 der Stuttgarter Prähistoriker Siegfried Junghans (1915–1999) den Begriff Formenkreis Adlerberg-Singen geprägt. Der Prähistoriker Edward Sangmeister (1916–2016) aus Freiburg/ Breisgau sprach ab 1960 von der Gruppe Singen, was später von anderen Autoren in Singener Gruppe abgewandelt wurde. Und der Freiburger Prähistoriker Christian Strahm benutzte 1987 den Begriff Singener Kultur.

Die Singener Gruppe ist etwa von 2.300/2.200 bis um 1.800 v. Chr. nachweisbar. Aus dem namengebenden Gräberfeld von Singen am Hohentwiel stammen die ersten mit der 14C-Methode ermittelten Daten für den unerwartet frühen Beginn der mitteleuropäischen Bronzezeit um 2300/2200 v. Chr. Nach Ansicht des Prähistorikers Rüdiger Krause handelt es sich bei der Singener Gruppe um eine sehr kleinräumige, fast nur lokale Gruppierung. Krause hat die Funde aus dem namengebenden Gräberfeld von Singen am Hohentwiel untersucht und 1988 beschrieben.

Die unterschiedlich sorgfältig angelegten Gräber mit oder ohne Steinsetzungen sowie die Beigaben für die Toten in Singen weisen möglicherweise auf soziale Unterschiede der Bestatteten hin. Manche Toten waren üppig ausgerüstet, anderen hatte man kaum oder keine wertvollen Gegenstände mit ins Grab gelegt. Wie an Skeletten aus dem Gräberfeld von Singen am Hohentwiel ersichtlich wird, erreichten die Männer dieser Gruppe eine Größe bis zu 1,78 Metern. Eine Frau aus Singen war mit ungefähr 1,48 Metern selbst für damalige Verhältnisse recht klein, eine Frau aus Veringenstadt (Kreis Sigmaringen) maß etwa 1,58 Meter.

Die untere Kulturschicht (Schicht A) der Seeufersiedlung Bodman-Schachen I (Kreis Konstanz) am Bodensee entspricht zeitlich mit einem Alter um 1.900 v. Chr. den jüngeren Gräbern von der Nordstadtterrasse in Singen am Hohentwiel. Das haben Datierungen mit der 14C-Methode von verkohltem Getreide aus Schicht A von Bodman-Schachen I ergeben.

Das Dorf Bodman-Schachen I aus der älteren Frühbronzezeit umfasste maximal acht bis neun zweischiffige Häuser. Durch Pfostenstellungen sind drei Hausgrundrisse mit je etwa 24 Quadratmetern Grundfläche nachgewiesen.

Die Metallhandwerker der Singener Gruppe verarbeiteten fast ausnahmslos unlegiertes, aber natürliches stark mit Spurenelementen verunreinigtes Fahlerzkupfer. Bronze, also mit Zinn legiertes Kupfer, tauchte vereinzelt erst gegen Ende der Singener Gruppe auf. Auffällige Ähnlichkeiten bei der Verzierung mancher metallener Rudernadeln an Fundorten der Singener Gruppe, Straubinger Kultur (etwa 2.300 bis 1.600 v. Chr.) und Ries-Gruppe (etwa 2.300/2.200 bis 1.800 v. Chr.) deuten auf Wanderhandwerker hin, die ihre Kunst und ihren Stil weit verbreiteten. Von den Kupferdolchen der Singener Leute blieben überwiegend nur die großen, dreieckigen Klingen erhalten. Hingegen fehlten die Griffe aus Holz, Knochen oder Geweih. Im Gräberfeld von Singen am Hohentwiel sind insgesamt 18 Dolchklingen geborgen worden, die meisten aus Männergräbern, in denen sie am Becken oder an den angewinkelten Armen lagen. Auch aus zwei Frauengräbern wurde je ein kleiner Dolch zutage gefördert, der sicherlich nicht als Waffe diente.

Außer Schmuck aus Kupfer wurde im Gräberfeld von Singen am Hohentwiel auch solcher aus Knochen, Geweih, Gagat, einem Tierzahn und aus Fayence gefunden. Darunter waren Ringe aus Rinderknochen, dem Schädeldach eines Menschen, ein V-förmig durchbohrter Knopf aus Hirschgeweih, tonnenförmige Knochenperlen, Gagatanhänger, ein Eckzahn vom Hund oder Wolf und eine Fayenceperle.

Im Gräberfeld von Singen am Hohentwiel sind 102 Gräber freigelegt worden. Die ursprüngliche Zahl ist nicht bekannt, weil zu Beginn der Ausgrabungen im Jahre 1950 bereits ein Teil der Gräber zerstört war. In den bis zu 3,60 Meter langen und 2,40 Meter breiten Grabgruben hat man teilweise sehr aufwändige Steineinbauten vorgenommen. In Singen gab es Grabanlagen mit Steinpackungen, mit Steinkranz um die Bestattung, in Form von Steinkistengräbern und ohne Steineinbauten. Die Verstorbenen sind in Singen am Hohentwiel teilweise in halbrunde Baumsärge oder auf Bretter gebettet worden. Dreimal hat man dort zwei Menschen in einem Grab zusammen beerdigt. Bei den Beigaben für die Toten sind Dolche eher für Männer typisch und Nadeln für Frauen.

Die in Singen am Hohentwiel inmitten von vier alten und drei jungen Männern sowie einer jungen Frau und einem Kind

*Prähistorikerin Gretel Callesen (1941–2010,
früher Gretel Gallay).
Foto: Frankfurter Rundschau (Foto: Harald H. Schröder,
Frankfurt/Main*

beerdigte Greisin in Grab 65 gibt zu allerlei Spekulationen Anlass. Zu den Grabbeigaben jener Frau gehören ein kleiner Dolch, eine prächtige Rudernadel, eine Armspirale und ein Pfriem, alles aus Bronze. Nach Ansicht der Prähistorikerin Gretel Callesen (1941–2010, früher Gretel Gallay) könnte es sich hierbei um die Bestattung einer „weisen Alten" und ihrer „Leibwächter" handeln, die auch im Jenseits für Schutz sorgen sollten. Ebensogut berechtigt ist jedoch die Vorstellung von der Bestattung einer Stammesmutter mit Mann und Brüdern oder das Begräbnis betagter Schamanen.

Den Grabbeigaben zufolge – so meinte Gretel Callesen – hatte die erwähnte Greisin sicherlich eine geachtete Stellung in der Gesellschaft. Die Prähistorikerin vermutete, dass es in einer Gemeinschaft, in der Frauen ein Dolch mit ins Grab gelegt wurde, nicht allzu patriarchalisch zugegangen sein kann.

Prähistoriker Christian Strahm.
Foto: Professor Dr. Christian Strahm, Freiburg/Breisgau

„Brotlaib-Idole" am Bodensee

Die Arbon-Kultur vor etwa 1.800 bis 1.600 v. Chr.

In der jüngeren Frühbronzezeit von etwa 1.800 bis 1.600 v. Chr. war gebietsweise im südlichen Baden-Württemberg und in Bayern die Arbon-Kultur verbreitet. Den Begriff Arbon-Kultur hat 1987 der am Institut für Ur- und Frühgeschichte der Albert-Ludwigs-Universität Freiburg/Breisgau lehrende Prähistoriker Christian Strahm erstmals in einer Tabelle verwendet.

Dagegen sprach 1992 der Freiburger Prähistoriker Joachim Köninger von der Arboner Gruppe, die er anhand des Inventars aus Schicht C der Seeufersiedlung Bodman-Schachen I am Bodensee umriss. Charakteristisch ist vor allem die in geometrischen Mustern reich ritz- und stichverzierte Keramik. Die Namen Arbon-Kultur, Arboner Gruppe oder Arboner Kultur beschreiben wohl die gleiche prähistorische Erscheinung der jüngeren Frühbronzezeit in Süddeutschland und der Nordschweiz.

Die Arbon-Kultur ist nach den Seeufersiedlungen von Arbon-Bleiche 2 am Bodensee im schweizerischen Kanton Thurgau benannt. Ihr werden in Baden-Württemberg Siedlungen am Bodensee, auf Flussterrassen, in Hanglage sowie auf Höhen zugerechnet. Auch in den Tälern der bayerischen Flüsse Lech und Isar hat es Höhensiedlungen jener Kultur gegeben.

Fundschichten der Arbon-Kultur sind aus Bodman-Schachen I (Kreis Konstanz) am Bodensee bekannt. Dort haben bereits in der älteren Frühbronzezeit Seeufersiedlungen existiert. Die Fundschichten der jüngeren Frühbronzezeit aus der zweiten

Hälfte des 17. vorchristlichen Jahrhunderts repräsentieren Reste von Dörfern mit fünf bis neun Häusern, die Flächen zwischen 25 und 30 Quadratmetern hatten. Ein Jahrhundert später baute man die Häuser schon merklich größer. Sie waren nun dreischiffig und verfügten über einen Grundriss von etwa 42 Quadratmeter Fläche.

In Bodman-Schachen I wurden Getreidereste entdeckt, die von Emmer *(Triticum dicoccon)*, Einkorn *(Triticum monococcum)*, Gerste *(Hordeum vulgare)* und Dinkel *(Triticum spelta)* stammen. Aufgrund der nachgewiesenen Ackerbeikräuter dürfte es sich um Wintergetreide handeln. Das Getreide wurde vermutlich außerhalb des Dorfes gedroschen, weil die sonst häufig in den Siedlungsschichten vorkommenden Druschreste so gut wie fehlen. Die Äcker waren am nahen Hangfuß der Stockacher Berge angelegt worden. Dabei dürfte es sich um größere Nutzflächen gehandelt haben, was die Nutzung des Pflugs nahelegt.

Unter der pflanzlichen Nahrung hatten wildwachsende Früchte eine nicht geringzuschätzende Bedeutung. Gesammelt wurden Brombeeren *(Rubus fruticosus)*, Schwarzer Holunder *(Sambucus nigra)*, Haselnüsse *(Corylus avellana)*, Schlehen *(Prunus spinosa)*, Wildäpfel *(Malus sylvestris)* und Walderdbeeren *(Fragaria vesca)*. An ölhaltigen Pflanzen kamen Flachs *(Linum usitatissimum)* und Schlafmohn *(Papaver somniferum)* vor.

Die Wälder in der Ufersiedlung Bodman-Schachen I waren stark gelichtet. Das geht aus hohen Wildgras-Anteilen sowie Belegen von Pflanzen trockener Rasen in Pollenspektren ebenso hervor wie aus Funden von Makroresten in Siedlungsablagerungen. Demnach ist eine extensive Weidewirtschaft anzunehmen. Entlang der Stockacher Ach standen in der Flussniederung Eschen *(Alnus)* und Pappeln *(Populus)*. Am Rand der Niederung, in der Hartholzaue, könnten Eichen-

und Ulmenwälder gediehen sein. Auf dem umliegenden Bergland dürften Buchen *(Fagus)* dominiert haben. An Haustieren sind in Bodman-Schachen I Schwein, Schaf oder Ziege und Rind belegt. Bei den wenigen Funden von Pferdeknochen ist unklar, ob diese von Wild- oder Haustieren stammen. Aufgrund der Kulturpflanzen und Haustierreste ist anzunehmen, dass die Bewohner Feldbau betrieben und Vieh hielten. Auch die Jagd war für diese Bauern wichtig. Der Gewichtsanteil der Wildsäugetier-Relikte an den insgesamt gefundenen Knochen lag dort in der jüngeren Frühbronzezeit nur wenig unter 50 Prozent. Es wurde also annähernd soviel Fleisch von Wild- wie von Haustieren gegessen.

Der Arbon-Kultur sind aufgrund der typischen in geometrischen Musterzonen verzierten Keramik hauptsächlich Seeufersiedlungen am Bodensee und Höhensiedlungen zuzurechnen. Inwiefern Einzelfunde vom flachen Land und Höhlenfunde regelrechte Siedlungen repräsentieren, konnte bislang nicht ermittelt werden.

Wie in der namengebenden Seeufersiedlung Arbon-Bleiche 2 in der Schweiz sind auch in Bodman-Schachen I am Bodensee viele üppig ritz- und stichverzierte Tongefäße zum Vorschein gekommen. Diese prächtige Keramik ist vor allem im 16. Jahrhundert v. Chr. modelliert worden und war schon etwa 100 Jahre später nicht mehr in Mode.

Zum keramischen Fundgut von Bodman-Schachen I zählten einige nur wenige Zentimeter lange und maximal zwei Zentimeter breite, stempelartige, gemusterte Tonobjekte. Solche Gegenstände, deren Zweck umstritten ist, bezeichnet man als „Brotlaib-Idole". Sie wurden außer in Deutschland auch in Österreich, Tschechien, der Slowakei, Ungarn, Rumänien, Serbien, Oberitalien und Polen gefunden. Die besten Vergleichs-

„Brotlaib-Idol" aus Mangolding (Kreis Regensburg)
im „Historischen Museum", Regensburg.
Foto: Bullenwächter / CC-BY-SA3.0 (via Wikimedia Commons),
lizensiert unter Creative-Commons-Lizenz by-sa-3.0,
https://creativecommons.org/licenses/by-sa/3.0/legalcode

stücke für die „Brotlaib-Idole" von Bodman-Schachen I stammen aus Bayern, Niederösterreich und Tschechien. Ihre Hauptverbreitung liegt in Mittel- und Osteuropa sowie in Italien. Von wo aus die „Brotlaib-Idole" nach Süddeutschland gelangten, ist nicht sicher zu ermitteln. Kontakte über die Alpen hinweg nach Oberitalien, die durch Gusstiegel und verzierte Webgewichte in Bodman-Schachen I belegt sind, machen ihre Herkunft eher von dort wahrscheinlich.

Die „Brotlaib-Idole" aus Bodman-Schachen I sind nicht so hart wie Keramik, sondern lediglich schwach gebrannt oder nur an der Luft getrocknet worden. Deswegen eigneten sich die bruchgefährdeten Objekte nicht zum Transport über größere Entfernungen hinweg. Vermutlich hat der Austausch einer Idee zur Herstellung der „Brotlaib-Idole" in Südwestdeutschland geführt.

Aus diesem Grund muss nach Ansicht von Experten mit engen Verbindungen zwischen den Kulturgruppen nördlich und südlich der Alpen gerechnet werden. Während der ganzen Frühbronzezeit scheint das süddeutsche Gebiet in ein europaweites Beziehungsgeflecht eingebunden gewesen zu sein.

Nur etwa 20 Kilometer von Bodman-Schachen I entfernt lag in der östlichen Bucht der Bodenseeinsel Mainau die Seeufersiedlung Egg-Obere Güll (Kreis Konstanz), die um 1.620 v. Chr. erbaut worden ist. Sie wurde von einer massiven Wand aus dicht nebeneinanderstehenden 35 bis 45 Zentimeter breiten Eichenholzbohlen geschützt. Die Wand konnte bei den bisherigen Ausgrabungen auf einer Länge von etwa 40 Metern nachgewiesen werden. Sie verläuft geradlinig und knickt an beiden Enden im flachen Winkel zum Ufer hin ab.

Im Gegensatz dazu sind aus – dendrochronologisch nachgewiesenen – zeitgleichen Ufersiedlungen des Bodenseegebietes und der Schweiz nur offene oder von einfachen Palisaden umgebene Siedlungen bekannt. Hierin sehen Prähistoriker die besondere historische Bedeutung der Entdeckung in der Oberen Güll. Sie verrät, dass es am Bodensee außer einfachen bäuerlichen Ortschaften erstmals auch stark befestigte Anlagen gab. Somit dürften dort ab dem 17. Jahrhundert v. Chr. früheste lokale Machtzentren entstanden sein. Siedlungen des vergleichbaren Typs existierten im Bereich der frühbronzezeitlichen Kulturen der Slowakei und in Ungarn sowie in Mitteldeutschland und Tschechien. In der Slowakei und in Ungarn spiegeln sie sich durch stark befestigte Höhensiedlungen wider, in Mitteldeutschland und in Tschechien durch „Fürstengräber" der Aunjetitzer Kultur (etwa 2.300 bis 1.600/ 1.500 v. Chr.).

In Oberschwaben scheint es bereits früher als am Bodensee ein Machtzentrum gegeben zu haben. Denn die befestigte „Siedlung Forschner" am Federsee (Kreis Biberach) hat – dendrochronologischen Untersuchungen zufolge – schon um die Mitte des 18. Jahrhunderts v. Chr. bestanden. Diesen Siedlungsplatz umgab man 1767/1766 v. Chr. mit einer Palisade. Nach dem Bau eines Hauses um 1760 v. Chr. wurde die Siedlung durch eine zweischalige Holzmauer eingefasst, deren Zwischenraum man mit Erde füllte. Der Innenraum war mit etwa 50 meistens haufenartig angeordneten Häusern bebaut.

Der wehrhafte Charakter des etwa 8.000 Quadratmeter großen Komplexes im Moor, insbesondere seine Bebauungsfolge, spricht nach Ansicht des Stuttgarter Prähistorikers Erwin Keefer für ein starkes Sicherheits- und Schutzbedürfnis der Erbauer. Um 1737 v. Chr. ersetzte man in den Häusern, der Mauer und den Palisaden einzelne Pfosten. Danach brach die nachweisbare Bautätigkeit ab. Wann und warum die Siedlung verlassen wurde, ist nicht geklärt. Dabei könnte der Anstieg des Federseepegels eine Rolle gespielt haben. Etwa 250 Jahre später wurde in der Mittelbronzezeit an der gleichen Stelle eine Siedlung errichtet.

Prähistoriker Paul Reinecke (1972–1958).
Foto: Römisch-Germanisches Zentralmuseum Mainz

Am Federsee wurde Bau- und Brennholz knapp

Die Hügelgräber-Kultur vor etwa 1.600 bis 1.300/1.200 v. Chr.

Seeufer waren zur Zeit der mittelbronzezeitlichen süddeutschen Hügelgräber-Kultur (etwa 1.600 bis 1300/1200 v. Chr.) keine idealen Siedlungsplätze mehr, weil sich das Klima rapide verschlechterte. Etwa um 1.600 v. Chr. hatten sich in weiten Teilen Europas die Bestattungssitten radikal geändert. Statt die Toten wie in der Frühbronzezeit in Flachgräbern beizusetzen, schüttete man nun häufig über den Gräbern bis zu zwei Meter hohe Hügel auf und setzte darin nicht selten noch weitere Verstorbene darin bei. Auf diesem neuen Brauch beruht der Begriff Hügelgräber-Kultur. Letzterer geht auf den Ausdruck Grabhügelbronzezeit zurück, den 1902 der damals am Römisch-Germanischen Zentralmuseum Mainz tätige Prähistoriker Paul Reinecke (1972–1958) geprägt hat. Bei der Namenswahl wurde er vermutlich durch die 1887 erschienene Publikation „Die Hügelgräber zwischen Ammer- und Staffelsee" des Münchener Historienmalers und Altertumsforschers Julius Naue (1832–1902) inspiriert.
Nach heutigem Kenntnisstand war die Hügelgräber-Kultur etwa ab 1.600 bis 1.300/1.200 v. Chr. von Ostfrankreich (Elsass) bis nach Ungarn (Karpatenbecken) verbreitet. Sie ist in diesem Raum mit der Mittelbronzezeit identisch und lässt sich in zahlreiche Lokalgruppen gliedern.
Die Siedlungen der Hügelgräber-Leute lagen im Flachland an Quellen, Bächen, Flüssen und Seen, welche die Wasser-

„Goldener Hut" von Schifferstadt (Kreis Ludwigshafen)
in Rheinland-Pfalz.
Original im „Historischen Museum der Pfalz" in Speyer.
Foto: Immanuel Giel (via Wikimedia Commons),
Lizenz: gemeinfrei (Public domain)

versorgung sicherten, sowie auf Bergen mit mehr oder minder steilen Hängen. Die auf Bergen errichteten Höhensiedlungen konnten sowohl unbefestigt als auch stark geschützt sein. Die besonders wehrhaften Höhensiedlungen mit Erdwällen oder Steinmauern gelten als Sitze von Häuptlingen oder „Fürsten", die deren Macht demonstrierten.

Seeufersiedlungen aus der Hügelgräber-Bronzezeit kennt man in Bodman-Schachen am Bodensee (Kreis Konstanz) und am Federsee bei Bad Buchau (Kreis Biberach) in Baden-Württemberg. Am Federsee bei Bad Buchau existierte um 1.500 v. Chr. ein befestigtes Dorf, das noch etwas größer als die frühbronzezeitliche „Siedlung Forschner" war. Als diese Siedlung wegen eines klimatisch bedingten Anstieges des Wasserpegels in Schwierigkeiten geriet, wurde sie zugweise auf die hochwassersichere Insel Buchau verlagert. Zwischen 1.514 und 1.388 v. Chr. verlegte man von der Insel über das schwankende Moor zum Festland einen etwa 800 Meter langen Holzbohlenweg. Man besserte ihn aus und verbreitete ihn, bis er am Ende ungefähr 9 Meter breit war. Den letzten Bewohnern der „Siedlung Forschner" könnte bereits das Bau- und Brennholz knapp geworden sein, weil sie den umliegenden Laubwald aus Buchen, Eschen und Eichen unterschiedlichen Alters planlos abholzten. Allein auf der ausgegrabenen Fläche der Siedlung wurden 5.035 Pfosten und 2.772 Hölzer gefunden.

Die Menschen der Hügelgräber-Kultur haben vermutlich die Sonne angebetet, weil diese auf Abbildungen (Felsbilder in verschiedenen Gegenden Europas), Symbolen (Radnadeln) und Kultobjekten (Goldkegel bzw. „Goldene Hüte") jener Zeit dargestellt ist. Auch die Ausrichtung der Toten mit dem Kopf im Westen, den Beinen im Osten und dem Blick nach Osten zur aufgehenden Sonne deutet auf einen Sonnenkult hin. Nach

Ansicht mancher Prähistoriker wurde vielleicht die Sonne als höchste Gottheit betrachtet. Zur damaligen Religion gehörten Sach-, Tier- und Menschenopfer, komplizierte Bestattungen und Goldkegel, die man „goldene Hüte" nennt. Eine unbekannte Rolle im Sonnenkult der Hügelgräber-Kultur spielte der am 29. April 1835 auf einem Acker gefundene ursprünglich 30,6 Zentimeter hohe „goldene Hut" von Schifferstadt (Kreis Ludwigshafen) in Rheinland-Pfalz. Er hat in Europa nur wenige Gegenstücke aus der folgenden Urnenfelder-Kultur. Dabei handelt es sich um den Goldkegel von Avanton im Departément Viénne in Frankreich, den Goldkegel von Etzelsdorf (Kreis Nürnberger Land) in Bayern und um einen Goldkegel aus Süddeutschland oder der Schweiz. Die Prähistoriker datieren den Fund von Avanton in die Zeit um 1300/1200 v. Chr., jenen von Etzelsdorf in die Zeit um 1100/1000 v. Chr. und einen weiteren aus Süddeutschland oder der Schweiz in die Zeit zwischen 1.000 und 800 v. Chr.

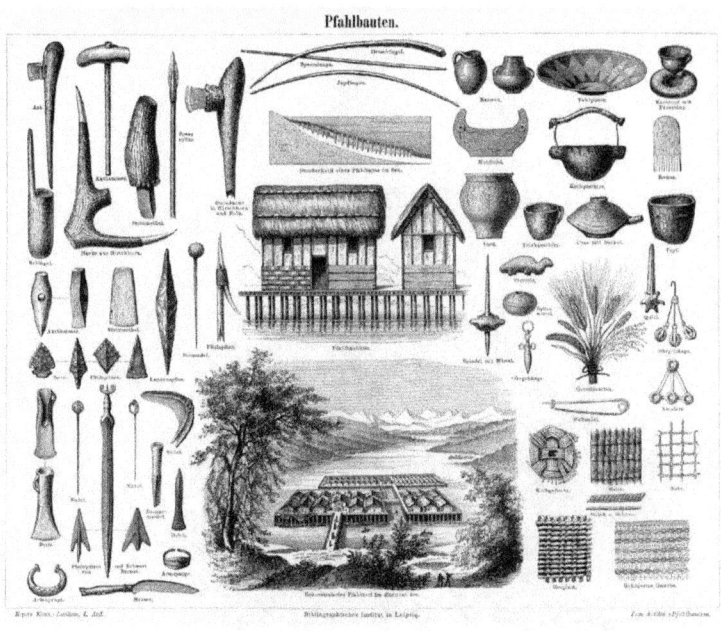

Pfahlbauten.

Abbildung zum Thema „Pfahlbauten" aus dem 12, Band
der 4, Auflage von „Meyers Konversations-Lexikon" (1885–1890),
Abgebildet sind: Axt, Axthammer, Speerspitze, Steinhacke in
Hirschhorn und Holz, Steinmeißel, Schlägel, Hacke aus Hirschhorn,
Axthämmer, Steinmeißel, Pfeilspitze, Beinnadel, Steinpfeilspitzen,
Pfeilspitzen, Lanzenspitze, Sichel, Nadel, Beile, Bronzemeißel, Dolch,
Pfeilspitzen und Schwert von Bronze, Armspange, Armspange,
Messer, Dreschflegel, Speerspange, Jagdbogen, Durchschnitt eines
Pfahlbaues in See, Pfahlbauhütte, rekonstruiertes Pfahldorf im
Züricher See, Kannen, Tafelplatte, Kochtopf mit Feuerring, Mondbild,
Kochgeschirr, Kamm, Vase, Trinkgeschirr, Urne mit Deckel, Topf,
Tierbild, Spinnwirtel, Quirl, Ohrgehänge, Spindel mit Wirtel, Ohr-
gehänge, Getreidearten, Amulett, Heftnadel, Korbgeflecht, Matte, Netz,
Strick und Schnur, Gespinst, geköpertes Gewebe,

Ernst Wagner (1832–1920),
Direktor der Großherzoglichen Sammlungen in Karlsruhe.
Foto: Porträt vor 1920 (via Wikimedia Commons),
Lizebnz: gemeinfrei (Public domain)

Die „Wasserburg" bei Bad Buchau

Die Urnenfelder-Kultur vor etwa 1.300/1.200 bis 800 v. Chr.

Am Bodensee und am Federsee bei Bad Buchau lagen zur Zeit der spätbronzezeitlichen Urnenfelder-Kultur (etwa 1.300/1.200 bis 800 v. Chr.) noch Seeufersiedlungen („Pfahlbauten") und Moorbauten. Die Urnenfelder-Kultur gilt in Europa als eine der wichtigsten Kulturen der Spätbronzezeit. Sie breitete sich vom nördlichen Balkan über die Donauländer bis zur Oberrheinregion aus. In Deutschland war sie in Baden-Württemberg, Bayern, im Saarland, in Rheinland-Pfalz, Hessen, Teilen Nordrhein-Westfalens (Niederrheinische Bucht) und südlich des Thüringer Waldes heimisch.
Der Begriff Urnenfelder-Kultur fußt darauf, dass damals die Toten auf Scheiterhaufen verbrannt und danach häufig ihre Asche beziehungsweise Knochenreste in tönerne Urnen geschüttet und in Brandgräbern beigesetzt wurden. Gelegentlich bilden die Brandgräber ausgedehnte Urnenfelder mit Dutzenden oder Hunderten von Bestattungen.
Als erster formulierte 1885 der Direktor der Großherzoglichen Sammlungen in Karlsruhe, Ernst Wagner (1832–1920), die Bezeichnung Urnen-Friedhöfe. Seine Publikation „Hügelgräber und Urnen-Friedhöfe in Baden" wurde 1886 durch den Königsberger Prähistoriker Otto Tischler (1843–1891) in der „Westdeutschen Zeitschrift" kommentiert. Dabei sprach Tischler von „Urnenfeldern der Bronzezeit".
Nach Ansicht der meisten Prähistoriker war die Urnenfelder-

Zeit ein unruhiger Abschnitt der Urgeschichte. Damals setzten vermutlich in vielen Gebieten Europas große Völkerwanderungen ein, die vielleicht im mittleren Donauraum ihren Ausgang nahmen. Sie erreichten wahrscheinlich nicht nur Süddeutschland, sondern auch den Balkan und die östliche Mittelmeerregion. Sogar die Ägypter mussten sich der Eindringlinge mit Waffengewalt erwehren.

Ihre Ursache hatten die großen Wanderungen der Unruhestifter womöglich in einer erheblichen Bevölkerungszunahme, deren Folgen durch ein ungünstiges trockenes Klima verstärkt wurden. Ein weiteres Motiv könnte das Interesse von Anführern der betroffenen Gemeinschaften an Kriegszügen gewesen sein, die bei erfolgreichem Verlauf sowohl Beute als auch Ansehen mehrten. Diese Kriegszüge nun bewirkten vermutlich Ausweichbewegungen jener Stämme, in deren Gebiete die Eroberer zuerst eindrangen. Es gab aber auch Experten, die derartige Wanderungen bezweifelten.

Die Seeufersiedlungen der Urnenfelder-Kultur am Bodensee mussten gegen deren Ende aufgegeben werden, weil der Pegel der Gewässer wahrscheinlich aufgrund erhöhter Niederschlagsmengen stark anstieg. Die letzten Uferdörfer am Bodensee existierten um 850 v. Chr. Zu den urnenfelder-zeitlichen Ortschaften auf baden-württembergischer Seite des Bodensees gehören die Fundorte Hagnau-Burg, Konstanz-Langenrain, Süßenmühle und Unteruhldingen.

Reste der befestigten Siedlung von Hagnau (Bodenseekreis) werden jeweils bei Niedrigwasser sichtbar. Immer dann erscheint vor Hagnau eine Insel im Bodensee, die sogenannte Untiefe Burg. An deren Ufern sind zwischen Grundkieseln hölzerne Pfähle, Spülsäume aus Pflanzenfasern, Hölzern und Holzkohlen sowie Keramikreste der Urnenfelder-Kultur zu erkennen. Einst schützten Palisaden im Norden, Osten und

Süden den 130 Meter langen und 100 Meter breiten Komplex.

Die Anlage von Unteruhldingen (Bodenseekreis) wurde an der Seeseite durch Palisaden aus Eichen-, Buchen- und Erlenholz vor dem Wellenschlag geschützt. Die Baumstämme waren meistens nicht entrindet. Diese Palisaden hat man nach einer gewissen Zeit immer wieder erneuert. In zwei Phasen der Besiedlung wurden gleichzeitig eine innere Eichenreihe und eine äußere Weichholzreihe errichtet.

Die Häuser der Seeufersiedlung von Unteruhldingen sind in Zeilen angeordnet gewesen. Dieses Dorf am Bodensee existierte mit Unterbrechungen etwa 120 Jahre lang. Es konnten drei übereinanderliegende Siedlungen mit einer Fläche von einem bis zwei Hektar nachgewiesen werden. Für die Pfosten der dortigen Häuser verwendete man fast in 90 Prozent der Fälle Eichenholz. Die Pfosten wurden rundum behauen.

Am Federsee etwa zwei Kilometer nordöstlich von Buchau (Kreis Biberach) hat der zunächst in Tübingen und später in Berlin tätige Prähistoriker Hans Reinerth in den Jahren 1920, 1928 und 1936 zwei Seeufersiedlungen der Urnenfelder-Kultur freigelegt, die aus unterschiedlicher Zeit stammen. Ihre Entdeckungsgeschichte begann damit, dass sich ein Landwirt während der 1920er Jahre in trockenen Perioden über ständig neu auftauchende Pfahlköpfe auf seiner Wiese ärgerte. Die Pfähle wurden durch Schrumpfung der austrocknenden Schichten an die Oberfläche gepresst.

Die Erkenntnisse Reinerths über die beiden Dörfer von Bad Buchau sind heute teilweise überholt. Er meinte, diese Siedlungen hätten auf einer Halbinsel oder Insel gelegen und seien rundum von Palisaden geschützt gewesen. Reinerth deutete beide Siedlungen irrtümlich als „Wasserburgen" mit Wehrtürmen, Wehrgängen, Brücken, einem Herrengehöft und

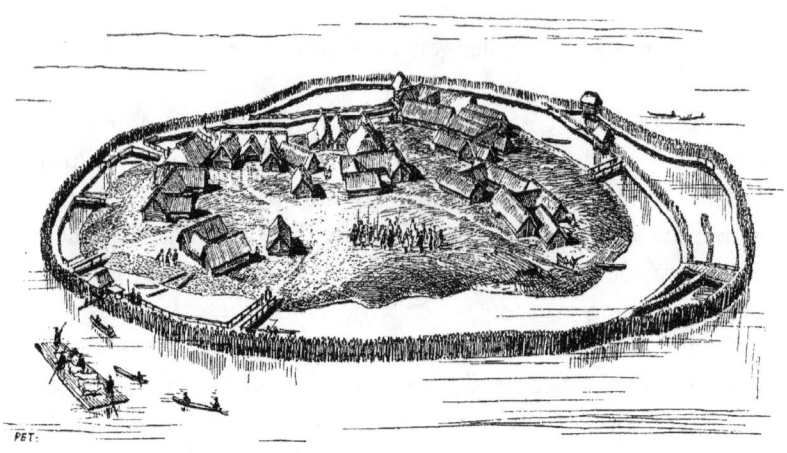

Rekonstruktion der „Wasserburg" bei Bad Buchau am Federsee
in Baden-Württemberg aus der jüngeren Bauphase..
Die Rekonstruktion stammt aus einer Publikation von 1936
des damals in Berlin arbeitenden Prähistorikers
Hans Reinerth (1900–1990).

hufeisenförmigen Anwesen. Wie er sich die „Wasserburg" vorstellte, veranschaulichen Rekonstruktionselemente im Freilichtmuseum Unteruhldingen.

1941 wies der Stuttgarter Prähistoriker Oscar Paret nach, dass die vermeintliche „Wasserburg" nicht auf einer Insel, sondern inmitten eines Flachmoorgebiets nahe beim Federsee lag. Die angeblichen Palisaden definierte er nicht als Palisadenring mit Wehrgängen, sondern als Reste eines mehrfach ausgebesserten Dorfzauns.

Heute geht man davon aus, dass die ältere Siedlung bei Bad Buchau aus der Zeit um 1.100 v. Chr. aus 38 einräumigen und ebenerdigen Häusern bestand. Sie waren in Blockbauweise errichtet, hatten Flechtwände und verfügten über eine Wohnfläche von 16 bis 20 Quadratmetern. Ein größerer zweiräumiger Bau im Zentrum könnte dem Häuptling vorbehalten gewesen sein.

Als der Pegel des Federsees stieg, befestigte man das nahe Seeufer mit einem Steinpflaster und schützte die Siedlung mit einer Palisade aus 15.000 Pfählen, die teilweise als Wellenbrecher dienten. Zur Seeseite hin gab es drei Reihen von Palisaden, zur Landseite hin nur eine. Die Außen- und Innenpalisade wurden innerhalb von je vier Jahren errichtet.

Die jüngere Siedlung existierte um 900 v. Chr. Während dieses Abschnittes standen neun Häuser enger beieinander, und manche von ihnen waren zu U-förmigen Gehöften angeordnet. Flechtwände gliederten das Innere der Häuser in mehrere Räume. Das Dorf wurde bei einem Brand zerstört, vielleicht infolge eines Überfalls.

In den beiden Siedlungen bei Bad Buchau lebten vermutlich zeitweise bis zu 200 Menschen. Eine sechs bis acht Zentimeter dicke Schicht verbrannten Getreides aus einem Gebäude der jüngeren Siedlung sowie Knochenreste von Haustieren weisen darauf hin, dass es sich um Bauern handelte. Wo die Einwohner ihre Toten bestatteten, weiß man nicht.

Im Sommer 1920 entstand ein Stummfilm mit „urig aussehenden Schauspielern" – so das Online-Lexikon „Wikipedia" –, die das rekonstruierte bronzezeitliche Haus im „Wilden Ried" am Federsee belebten. 1927 folgte der Dokumentarfilm „Ausgrabungen auf der Wasserburg Buchau". Es war einer der ersten deutschen Dokumentarfilme.

Inselsiedlungen der Urnenfelder-Kultur sind von Säckingen (Kreis Waldshut) in Baden-Württemberg, von der Roseninsel im Starnberger See (Kreis Starnberg) und im Altmühltal bei Kelheim (Kreis Kelheim) in Bayern sowie aus Groß-Rohrheim (Kreis Bergstraße) in Hessen bekannt. In Säckingen lag die Siedlung auf einer ehemaligen Rheininsel, heute wird das Gebiet von der Altstadt überzogen. Auf einer ehemaligen Insel der Altmühl bei Kelheim befand sich ein mehr als 20 Meter langes Haus, das von zwei Palisaden umgeben wurde.

Das Welterbe-Komitee hat am 27. Juni 2011 die „Prähistorischen Pfahlbauten um die Alpen" zum universellen Erbe der Menschheit erklärt. Auf der Welterbe-Liste sind 111 Pfahlbau-Fundstellen aus den sechs Alpenanrainer-Ländern Schweiz, Österreich, Deutschland, Frankreich, Slowenien und Italien verzeichnet. In Deutschland stehen 18 Fundstellen auf der Welterbe-Liste.

In Baden-Württemberg befinden sich 15 Fundstätten, in Bayern drei. In anderen Alpenländern liegen 93 weitere Fundstellen.

Zu den Pfahlbau-Fundstellen in Baden-Württemberg gehören: 1. Wangen-Hinterhorn, Öhningen; 2. Hornstaad-Hörnle, Gaienhofen; 3. Allensbach-Strandbad, Allensbach; 4. Wollmatingen-Langenrain, Konstanz; 5. Konstanz-Hinterhausen, Konstanz; 6. Litzelstetten-Krähenhorn, Konstanz; 7. Bodman-Schachen, Bodman-Ludwigshafen; 8. Sipplingen-Osthafen, Sipplingen; 9.

Unteruhldingen-Stollenwiesen, Ihldingen-Mühlhofen; 10. Schreckensee, Wolpertswende; 11. Olzreute-Enzisholz, Bad Schussenried; 12. Siedlung Forschner, Bad Buchau; 13. Alleshausen-Grundwiesen, Alleshausen; 14. Ödenahlen, Alleshausen/Seekirch; 15. Ehrenstein, Blaustein.

Zu den Pfahlbau-Fundstellen in Bayern zählen: 1. Pestenacker, Weil; 2. Unfriedshausen, Geltendorf; 3. Roseninsel im Starnberger See, Feldafing.

Autor Ernst Probst.
Foto: Klaus Benz, Mainz-Laubenheim

Der Autor

Ernst Probst, geboren am 20. Januar 1946 in Neunburg vorm Wald im bayerischen Regierungsbezirk Oberpfalz, ist Journalist und Wissenschaftsautor. Er arbeitete von 1968 bis 1971 bei den „Nürnberger Nachrichten", von 1971 bis 1973 in der Zentralredaktion des „Ring Nordbayerischer Tageszeitungen" in Bayreuth und von 1973 bis 2001 bei der „Allgemeinen Zeitung", Mainz. In seiner Freizeit schrieb er Artikel für die „Frankfurter Allgemeine Zeitung", „Süddeutsche Zeitung", „Die Welt", „Frankfurter Rundschau", „Neue Zürcher Zeitung", „Tages-Anzeiger", Zürich, „Salzburger Nachrichten", „Die Zeit", „Rheinischer Merkur", „Deutsches Allgemeines Sonntagsblatt", „bild der wissenschaft", „kosmos", „Deutsche Presse-Agentur" (dpa), „Associated Press" (AP) und den „Deutschen Forschungsdienst" (df). Aus seiner Feder stammen die Bücher „Deutschland in der Urzeit" (1986), „Deutschland in der Steinzeit" (1991), „Rekorde der Urzeit" (1992), „Dinosaurier in Deutschland" (1993 zusammen mit Raymund Windolf) und „Deutschland in der Bronzezeit" (1996). Von 2001 bis 2006 betätigte sich Ernst Probst als Buchverleger sowie zeitweise als internationaler Fossilienhändler und Antiquitätenhändler. Insgesamt veröffentlichte er mehr als 300 Bücher, Taschenbücher, Broschüren und über 300 E-Books.

Zum Federseemuseum unweit des Federsees bei Bad Buchau
(Kreis Biberach) in Baden-Württemberg gehören die Ausstellung,
ein archäologisches Freigelände mit zwölf rekonstruierten Häusern
aus der Jungsteinzeit und Bronzezeit
sowie ein archäologischer Lehrpfad.
Foto: Michael Linnenbach / CC-BY-SA3.0 (via Wikimedia
Commons), lizensiert unter Creative-Commons-Lizenz by-sa-3.0-en,
https://creativecommons.org/licenses/by-sa/3.0/legalcode

Register

Ortsregister

Personenregister

Sachregister

Bücher von Ernst Probst

(Auswahl)

Als Mainz im Meer lag
Als Mainz noch nicht am Rhein lag
Das Mammut- Mit Zeichnungen von Shuhei Tamura
Der Europäische Jaguar
Der Mosbacher Löwe. Die riesige Raubkatze aus
Wiesbaden
Der Rhein-Elefant. Das Schreckenstier von Eppelsheim
Der Ur-Rhein. Rheinhessen vor zehn Millionen Jahren
Deutschland im Eiszeitalter
Deutschland in der Frühbronzezeit
Deutschland in der Mittelbronzezeit
Deutschland in der Spätbronzezeit
Die Aunjetitzer Kultur in Deutschland
Die Straubinger Kultur in Deutschland
Die Singener Gruppe
Die Arbon-Kultur in Deutschland
Die Ries-Gruppe und die Neckar-Gruppe
Die Adlerberg-Kultur
Der Sögel-Wohlde-Kreis
Die nordische Bronzezeit in Deutschland
Die Hügelgräber-Kultur in Deutschland
Die ältere Bronzezeit in Nordrhein-Westfalen
Die Bronzezeit in der Lüneburger Heide
Die Stader Gruppe
Die Oldenburg-emsländische Gruppe
Die Urnenfelder-Kultur in Deutschland
Die ältere Niederrheinische Grabhügel-Kultur

Die Unstrut-Gruppe
Die Helmsdorfer Gruppe
Die Saalemündungs-Gruppe
Die Lausitzer Kultur in Deutschland
Die Dolchzahnkatze Megantereon
Die Dolchzahnkatze Smilodon
Die Säbelzahnkatze Homotherium
Die Säbelzahnkatze Machairodus
Die Schweiz in der Frühbronzezeit
Die Rhône-Kultur in der Westschweiz
Die Arbon-Kultur in der Schweiz
Die Schweiz in der Mittelbronzezeit
Die Schweiz in der Spätbronzezeit
Dinosaurier von A bis K. Von Abelisaurus bis zu
Kritosaurus
Dinosaurier von L bis Z. Von Labocania bis zu
Zupaysaurus
Der rätselhafte Spinosaurus. Leben und Werk des Forschers
Ernst Stromer von Reichenbach
Eiszeitliche Geparde in Deutschland
Eiszeitliche Leoparden in Deutschland
Höhlenlöwen. Raubkatzen im Eiszeitalter
Hermann von Meyer. Der große Naturforscher aus
Frankfurt am Main
Johann Jakob Kaup. Der große Naturforscher aus
Darmstadt
Krallentiere am Ur-Rhein
Neues vom Ur-Rhein. Interview mit dem Geologen und
Paläontologen Dr. Jens Sommer
Österreich in der Frühbronzezeit
Österreich in der Mittelbronzezeit

Österreich in der Spätbronzezeit
Raub-Dinosaurier von A bis Z. Mit Zeichnungen von
Dmitry Bogdanav und Nobu Tamura
Rekorde der Urmenschen. Erfindungen, Kunst und
Religion
Rekorde der Urzeit. Landschaften, Pflanzen und Tiere
Säbelzahnkatzen. Von Machairodus bis zu Smilodon
Säbelzahntiger am Ur-Rhein. Machairodus und
Paramachairodus
Was ist ein Menhir? Interview mit dem Mainzer
Archäologen Dr. Detert Zylmann
Wer ist der kleinste Dinosaurier? Interviews mit dem
Wissenschaftsautor Ernst Probst
Wer war der Stammvater der Insekten? Interview mit dem
Stuttgarter Biologen und Paläontologen Dr. Günther Bechly
6000 Jahre Kastel. Von der Steinzeit bis zum 21.
Jahrhundert
5000 Jahre Kostheim. Von der Steinzeit bis zum 21.
Jahrhundert
Kastel in der Vorzeit. Von der Jungsteinzeit bis Christi
Geburt
Kostheim in der Vorzeit. Von der Jungsteinzeit bis Christi
Geburt
Wiesbaden in der SteinzeitAnno 1.000.000. Deutschland in
der älteren Altsteinzeit
Das Protoacheuléen. Eine Kulturstufe der Altsteinzeit vor
etwa 1,2 Millionen bis 600.000 Jahren
Das Altacheuléen. Eine Kulturstufe der Altsteinzeit vor etwa
600.000 bis 350.000 Jahren
Das Jungacheuléen. Eine Kulturstufe der Altsteinzeit vor etwa
350.000 bis 150.000 Jahren
Das Spätacheuléen. Eine Kulturstufe der Altsteinzeit vor etwa

etwa 3.700 bis 3.200 v. Chr.
Die Chamer Gruppe. Eine Kulturstufe der Jungsteinzeit
vor etwa 3.500 bis 2.800 v. Chr.
Die Wartberg-Kultur. Eine Kultur der Jungsteinzeit vor
etwa 3.500 bis 2.800 v. Chr.
Die Walternienburg-Bernburger Kultur. Eine Kultur der
Jungsteinzeit vor etwa 3.200 bis 2.800 v. Chr.
Die Kugelamphoren-Kultur. Eine Kultur der Jungsteinzeit
vor etwa 3.100 bis 2.700 v. Chr.
Die Schnurkeramischen Kulturen. Kulturen der
Jungsteinzeit von etwa 2.800 bis 2.400 v. Chr.
Die Einzelgrab-Kultur. Eine Kultur der Jungsteinzeit vor
etwa 2.800 bis 2.300 v. Chr.
Die Schönfelder Kultur. Eine Kultur der Jungsteinzeit vor
etwa 2.800 bis 2.200 v. Chr.
Die Glockenbecher-Kultur. Eine Kultur der Jungsteinzeit
vor etwa 2.500 bis 2.200 v. Chr.
Die ersten Bauern in Österreich. Die
Linienbandkeramische Kultur vor etwa 5.500 bis 4.900
v. Chr.
Die Lengyel-Kultur in Österreich. Eine Kultur der
Jungsteinzeit vor etwa 4.900 bis 4.400 v. Chr.
Die Mondsee-Gruppe. Eine Kulturstufe der Jungsteinzeit
vor etwa 3.700 bis 2.900 v. Chr.
Die Badener Kultur in Österreich. Eine Kultur der
Jungsteinzeit vor etwa 3.600 bis 2.900 v. Chr.
Die ersten Pfahlbauten in der Schweiz. Die Anfänge der
Pfahlbauforschung und die Egolzwiler Kultur
Die Cortaillod-Kultur. Eine Kultur der Jungsteinzeit vor
etwa 4.000 bis 3.500 v. Chr.
Die Pfyner Kultur in der Schweiz. Eine Kultur der
Jungsteinzeit vor etwa 4.000 bis 3.500 v. Chr.

Die Horgener Kultur in der Schweiz. Eine Kultur der Jungsteinzeit vor etwa 3.500 bis 2.800 v. Chr.
Die Schnurkeramiker in der Schweiz. Eine Kultur der Jungsteinzeit vor etwa 2.800 bis 2.400 v. Chr.

www.ingramcontent.com/pod-product-compliance
Lightning Source LLC
Chambersburg PA
CBHW060855170526
45158CB00001B/371